新说生态养鹅

主编 张建新 张长旺 靳祥未

河南科学技术出版社

·郑州·

内容提要

本书运用生态学理论阐述了规模养鹅业在未来中国畜牧业中的重要地位，介绍了生态养鹅的基本形式。全面介绍了鹅的生物学、行为特性及其应用，以及放牧、鹅用牧草的识别、草地产草量估算、载鹅量、土地承载力计算，健康鹅的刚性模型，14种常见鹅病的鉴别防控及六大常见异常的排除等肉仔鹅生态饲养的基本知识（附彩图200余幅），可作为一线饲养管理人员的技术手册和大中专院校师生的参考读物。

图书在版编目（CIP）数据

新说生态养鹅 / 张建新，张长旺，靳祥未主编.—郑州：河南科学技术出版社，2023.8

ISBN 978-7-5725-1217-9

Ⅰ.①新… Ⅱ.①张…②张…③靳… Ⅲ.①鹅－生态养殖 Ⅳ.①S835.4

中国国家版本馆CIP数据核字（2023）第088560号

出版发行：河南科学技术出版社
　　　　　地址：郑州市郑东新区祥盛街27号　　邮编：450016
　　　　　电话：（0371）65737028　65788613
　　　　　网址：www.hnstp.cn
策划编辑：李义坤　陈　艳
责任编辑：陈　艳
责任校对：丁秀荣
封面设计：张德琛
责任印制：朱　飞
印　　刷：河南文华印务有限公司
经　　销：全国新华书店
开　　本：850 mm×1 168 mm　1/32　印张：7　字数：220千字
版　　次：2023年8月第1版　　2023年8月第1次印刷
定　　价：29.80元

如发现印、装质量问题，影响阅读，请与出版社联系并调换。

本书编写人员名单

主　　编：张建新　张长旺　靳祥未

副主编：陈爱丽　张　卫　杜　娟　司献军

编　　者：（以姓氏笔画为序）

王来荣　仇泽凯　杜建设　李　娜

张林江　郑　岩　耿甲飞　贾　明

黄　彬　葛位西　蒋国胜

序　言

"鹅，鹅，鹅，曲项向天歌。白毛浮绿水，红掌拨清波。"初唐诗人骆宾王的《咏鹅》表明，中国是一个养鹅历史悠久的国家。中国的南方，鹅是广泛饲养的家禽，鹅肉是极其普通的消费。进入21世纪，南方规模养鹅蓬勃发展，北方的规模饲养势头正劲。

鹅肉含有人体生长发育所必需的各种氨基酸，组成接近人体所需氨基酸的比例，是全价蛋白质。鹅肉脂肪含量较低，仅比鸡肉略高，比猪肉要低得多。鹅肉不饱和脂肪酸含量高，对人体健康有利的亚麻酸含量超过其他肉类，有"健美肉"之称。大力发展养鹅业，让老百姓的菜篮子中多些鹅肉，有利于人民的身体健康。

鹅肉是人们喜食的肉类。养鹅过程不与人类争夺粮食资源，而将人类无法食用的糠麸、菜叶、野草转化成肉食品，形成"种植业—糠麸、菜叶、野草—鹅肉—人类"良好生态效应的食物链。

合群性是鹅的自然属性，而合群性的存在，是鹅能够大规模集中饲养的前提条件。事实上，近些年猪病频发、病毒病危害严重，同其较差的合群性不无关系。

蔬菜大棚的普及，使反季节生产蔬菜成为现实，但其生产过程中产生的残次品和枯叶、废根，也为土壤微生态平衡带来了巨大压力。突出的矛盾是大棚内适宜的温度、湿度，在为蔬菜生长提供必需条件的同时，也为各种病原微生物的滋生蔓延创造了条件，进而危害蔬菜的生长。栽培及经营中的残次品和枯叶、烂根，是传递病原的载体，人工或机械清理既耗时费力，也难清理彻底。若用来养鹅，此问题将迎刃而解，既获得肥鹅，也降低病虫害的危害，不仅节约劳动力和能源消耗，也可减少农药用量，提高蔬菜的内在质量。

发展养鹅业，是初步解决农民自主创业、增收致富的好项目。一是依赖科技进步，中国有了无须水面养殖的鹅种。二是中国鹅的地方品种多，具有发挥杂交优势的坚实基础。三是已形成了一批骨干企业，可为农民提供鹅苗、饲料、兽药、器械设备，以及饲养技术、疫病防控、销售等硬件和软件支持。四是规模可大可小，有场地、投资能力的，可以兴办每批次出栏成千上万只的大型鹅场；能力有限的，也可以每批次饲养几十或几百只。五是投资可多可少，有条件的农户，可以兴办自动控温、控湿和通风，以及自动投料和清理粪便的育雏车间、填饲车间、种鹅场等高投入、高技术含量鹅场；资金不足就搞基础建设投资较少、管理要求相对较低的商品鹅饲养场；刚脱贫的农户，也可通过散养增加收入。

以鹅肥肝为主料的鹅肝酱，是欧美等西方国家畅销的高档食品。曾经因为关键原料"块菌"被国外垄断，我国无法组织大规模生产。2010年以来，中国林业科学院在云南试验成功并批量生产出了"松茸"（即"块菌"），攻克了肥肝酱生产的瓶颈，以鹅肥肝为原料的"原创肥肝酱"走向国际市场，正从梦想变为现实。显然，肥肝酱产业的形成，需要高度发达的养鹅业的支持。

养鹅业的发展，还是提升养殖业整体水平，实现养殖业同人类生存环境和谐共处，走向生态养殖的支柱产业。当前，中国养殖业最为发达的是猪禽规模饲养，但其废水处理滞后，常被社会诟病。若在废水处理池中种植些水生植物，既可提高废水净化的效率和质量，又为养鹅业提供饲草资源，形成"规模养殖废水—水生植物—鹅—鹅肉"的食物链，可极大地减轻其对地表和地下水的污染压力，营造当地良好的生态环境。

就当前中国畜牧业面临的整体形势而言，大力发展草食家畜，逐步降低精料型畜禽在整个畜牧业中的比重，是其同社会经济协调发展的必然要求。面对满足人民群众不断追求幸福生活的优质肉食品需求的总体要求，将具有食草性、合群性的养鹅业，作为未来规模饲养的主体，是畜牧业转型升级的基本要求，也是生态牧业的内涵。当然，放牧是生态养鹅的基本表现形式，但不是全部。生态养鹅的真谛在于尊重、发挥和利用鹅的生物学、行为学特性，在于围绕鹅的生物学、行为学特性组织生产。就各个养鹅企业来说，有条件全程放牧最好；没有全程放牧条件时，从青年鹅开始放牧，同样是生态养殖；那些组织人工种草、种植水生和浮生植物、木本饲料，全程或部分饲喂青贮饲料、草浆的圈养，以及利用内蒙古、吉林、辽宁等温带地区种鹅产蛋期后移的"北繁南养"，都是生态养鹅的具体方式。

在全球人口达到 70 多亿的今天，无论是发展中国家解决温饱问题，还是发达国家解决吃好问题，都应将发展草食畜禽列在第一位，减轻养殖业对粮食生产的压力。同时，实现农作物副产品的再利用，减少自然降解的 CO_2 排放。也就是说，在人类生存环境日渐严酷的今天，发展养鹅业有着重要的现实意义和重大战略意义。

张建新

2022 年 2 月

目　录

第一章 鹅的生物学特征及其在饲养管理中的应用

鹅作为一种家禽，饲养历史悠久。中国考古证明，早在距今约 6 000 年前，我国劳动人民已开始驯养鹅。非洲养鹅的历史比中国晚了近 2 000 年，欧洲则更晚，养鹅历史只有 3 000 多年。中国很多有关农事的古书籍中提到了对鹅的驯化、饲养、选种、繁殖、管理、加工、流通等方面的内容，说明在中国古代，劳动人民已逐渐积累起了丰富的养鹅技术和经验，同时也体现了养鹅业的兴盛。春秋战国时期的《管子》，西汉的《礼记》《盐铁论》，北魏的《齐民要术》，唐朝的《隋书·经籍志》，明朝的《本草纲目》，清朝的《三农记》等都有养鹅、食鹅、用鹅的记载。说明鹅也像其他畜禽一样，很早就为人类驯养利用。

现代养鹅，不仅仅是生产动物蛋白，更是一种品种众多的商品生产。鹅蛋、肉仔鹅、鹅绒、鹅毛，同人民生活紧密相连。

第一节 鹅的生物学特性及其应用

今天的养鹅业，已经摆脱了传统的依赖水源饲养的局限，既有存栏数万只的专业养鹅场，也有几十到几百只的养鹅专业户。养鹅业有效利用了草山、草坡的饲草饲料资源，为中国节粮型畜牧业的发展做出了重要贡献。但是，由于基础设施建设和环境条件的制约，以及品种、管理水平的差异，不同养鹅场（户）之间的育成率和饲料报酬差异很大，经营收益更为悬殊。当然，鹅产品市场价格波动和养鹅场（户）同市场衔接不良，是导致其经济效益不高的重要原因，但也必须承认的事实是整个养殖行业内的急功近利、学术浮躁，严重制约着基础理论研究的发展，以至于高度集约化的规模饲养及专业户仍然在沿用分散饲养的技术和经验，使得疫情频发，育成率低下。

以下结合有关技术研究成果，针对现阶段养鹅常见失误，围绕利用鹅的生物学特性及其在饲养管理中的应用展开论述。

一、合理利用合群性

合群是鹅的重要生物学特征。雏鹅期，鹅不论采食、饮水、运动、睡眠，均表现集群行为。到了成年期，鹅除了采食牧草时以家庭为单位或单只活动外，游水和睡眠仍然有集群表现。当遇到外界因素干扰，如猛禽飞临，猫、狗、蛇、鼠等动物接近，以及车船鸣笛、飞机起降等噪声时，所有鹅只迅速集合成群，并处于高度警惕状态，直至干扰因素消失方才散开。

合群性行为特征决定了鹅可以大群平面圈养及放牧。生产中对合群性利用的失误主要表现为盲目追求大群。其后果一是育雏期遇到低温、光照不均匀或惊吓时，集堆压死。二是由于群体过大导致采食不均匀，造成个体发育悬殊，出栏时大小不均。三是放牧时看护困难，浪费人力，常常丢失。生产实际表明，育雏期以 200~300 只组群为宜；农区养鹅单人放牧，100~120 只组群即可，双人放牧的群体应控制在 300 只左右。若有更多的鹅只需要放牧，最好分批次或分成数群放牧。

二、正确理解草食性

鹅的草食性除了表现食草的天性之外，还包括对牧草选择性采食的挑食行为。典型的是鹅对动物性饲料腥荤气味的厌恶。鹅不采食小鱼、小虾、泥鳅、螺蛳等水生动物，并且，精饲料中动物源性蛋白质比例过高（≥5%），尤其是表现出明显的腥味时，采食量会明显下降。生产中运用鹅的草食性的失误主要表现在两个方面：一是认为鹅是草食家禽，不分年龄段和种类，除了20日龄前补饲精饲料外，全靠放牧，从而导致营养不良，发育迟缓，出栏时消瘦，群内大多数鹅的出栏体重达不到要求。二是认为有草就行，不知道不同季节牧草老化和草地建群种的变化，不同年龄段鹅群对牧草的品种及老化程度有不同的要求，其结果是放牧时吃不饱，或采食了大量无营养价值的牧草，发育迟缓，增重缓慢，被毛无光，体质极差，易于发病。

同所有鸟纲动物一样，鹅对豆类有天生的排斥性。非经熟制的豆类，鹅在饥饿状态下也不会采食。所以，饲料中若添加豆类制品，必须是经过蒸、炒的熟制品，豆粕应是经过膨化处理的熟豆粕。

鹅虽然是草食性家禽，但是对籽实类饲料及老化牧草的消化能力，是随着年龄的增长而逐渐完善的。20～40日龄的雏鹅，因其肌胃发育不成熟，对籽实类饲料及老化牧草的消化能力极差，放牧时只采食禾本科牧草的嫩芽和豆科、藜科、菊科及常见阔叶牧草的叶片，因而应选择禾本科草场的嫩草地，或禾本科、豆科混播草场的嫩草地。40日龄后的中鹅及120日龄后的青年鹅，消化器官功能日趋完善，在消化能力提高的同时，采食量增长很快，采食能力也日渐增强，此龄鹅群不仅采食牧草种类繁多，而且也会采食高大牧草草籽，应该选择茂盛草地放牧，精饲料可少补或不补。留种的老鹅不仅能够消化各类农作物籽实和牧草种子、老化牧草，而且采食经验丰富，对牧草的选择性强，放牧时应先在放牧过的草地拦头领进，让其采食劣质牧草至半饱，而后再领入优质草地。秋末和冬初应定时定点补饲，切忌收牧后立即补饲，以免形成在牧场不积极采食而急于回到舍内采食精饲料的恶癖。

肉仔鹅应于出栏前 15 日起补饲精饲料。

种鹅在产蛋前 20 日起，每天补饲 1 次精饲料。种鹅的精饲料内加入 2%～3% 的动物源性蛋白，有利于受精率的提高。若有能力去除动物源性蛋白的腥荤气味，可提高到 5%。

蛋鹅在产蛋期每日补饲精饲料 2 次。

三、发挥亲水性优势，提高群体生产能力

鹅同其他家禽在躯体结构上的最大不同，在于它的气管不是通过分支直接同肺叶相连，而是在气管同两根主支气管之间有一个球状的类似于单缸发动机的膨大部，两扇支气管上的阀门不打开，气体就无法进入肺内，滞留在球状膨大部。同样，球状膨大部顶端的阀门一旦闭合，鼻孔流入的水也进入不到球状膨大部。加上羽毛管的存在，游泳和潜水对于鹅，就是一种天赋的本能。

游泳和潜水绝不仅仅是娱乐和运动，更重要的是逃避敌害和采食水生植物的生存需要，也是求偶的繁殖需要，加上清洗羽毛的自洁需要，构成了鹅的亲水这一生物学特征。事实上，鹅单纯的游泳戏水，在非交配季节，每日游 2～3 次，每次不超过 30 分。

在生产实践中应当注意，商品肉鹅在育肥期内每日游水 1 次，比全天圈养的干净洁白，外观优于不游水的旱养鹅，销售时品相优美。

养种鹅必须有适当的池塘、河渠等水面面积，水深要适宜，

以 30~100cm 缓坡坑塘为佳,从而为种鹅的求偶嬉戏、交配提供条件。

在水生植物较多的河渠、水库、养殖废水处理厂,利用鹅的亲水特征放牧,可有效扩大饲草资源来源。在野兽出没的山区或社会治安状况较差的地区,鹅场内拥有一定的水面,也是一种经济有效的安全措施。

四、繁殖的季节性决定了市场供给的不均衡性

鹅的繁殖带有明显的季节性,中原地区每年的春分到夏至为鹅的孵化季节。此季节外,虽然种鹅也产蛋,但是受精率低下,或受精蛋孵化率很低。因而,在此季节之外,孵化作坊大多停止孵化。越是向南,孵化季节越向前提;越是向北,孵化季节越向后延迟。因而,新鹅上市集中于每年的 6~9 月。随着南方古老养鹅区早春育雏技术的应用和养鹅区向北方扩展,上市旺季延长至每年的 4~10 月,12 月至翌年 4 月为商品鹅供应淡季。

市场供给的不均衡性给广大养鹅场(户)带来了困难和机遇,困难在于大多数运用传统技术的养鹅场(户),在供给旺季出售商品鹅,价格下跌影响其经济效益;机遇在于组织反季节生产,争取在供给淡季尽可能多地出售商品鹅,以获取较高的经济收益。

从中原地区目前的养鹅场(户)的基础条件和技术水平出发,要想实现供给淡季上市更多的商品鹅,可供选择的技术路线有两条:一是调整种鹅的产蛋期,实现秋季产蛋,冬季孵化,早春育雏,淡季上市;二是调整春季鹅苗的饲养技术,拉长饲养期,把出栏期后推至供应淡季。前者要求较高的种鹅饲养、温室育雏、舍内饲养技术,后者要求严格的分阶段饲养技术,并拥有晚秋初冬进入生长旺盛期的人工草场。总体来看,两者都是在拼科技投入。

五、了解雏鹅的敏感性，创造条件提高育成率

成年鹅的抗逆性很强，不惧怕雨雪雷电。夏日的烈日炎炎或暴雨如注，都不会危及成年鹅的生存，它们照样在水中嬉戏；秋季阴雨连绵，不会影响成年鹅和青年鹅在野外采食牧草；冬春季风雪交加，成年鹅自会寻找避风处栖息。然而，雏鹅的抗逆性非常差，尤其是 20 日龄前的雏鹅，由于其体温调节机能不健全，对温度、湿度、光照和空气质量优劣等都很敏感。

育雏舍内育雏床在温度 30 ~ 32℃、相对湿度 85% 时，周龄内雏鹅表现为全群兴奋、轻声低鸣、相互啄羽；当湿度不变，温度降到 27 ~ 30℃时，雏鹅集群反应强烈，弱小个体发出尖厉哀鸣，需要不停驱赶；当湿度不变，温度继续下降至 25 ~ 27℃时，即使不停驱赶，未见踩踏死亡，但 1 日后可见雏鹅群暴发应激性感冒。只有温度 32℃左右，每日下降 0.5 ~ 1.0℃，相对湿度保持在 65% ~ 75% 时，雏鹅群才能健康生长。

育雏室内的光照不均匀时，周龄内雏鹅群会由于趋光而聚集于灯泡下，或靠近光源侧的舍栏边缘，形成堆积踩踏；200W 的白炽灯连续照射 2 天，即可引起雏鹅相互啄尾啄翅，甚至叼啄背部羽毛。40 ~ 60W/10m^2 白炽灯的光照强度（灯泡距离育雏床高度 1.5 ~ 2.0m），每日 14 ~ 16 小时的光照，雏鹅群生长正常。

通风换气对于雏鹅群是必需的。常见的错误是早春育雏时，养鹅户为了保持育雏舍温度，在封闭不良的育雏床上搭建塑料膜棚架，这种做法的结果是温度上升了，却造成通风不良且湿度飙升。纠正的方法是将宽大的单幅塑料膜换成透气膜，或直接使用床单，或用较窄的塑料膜留缝隙拼接，床面使用砖块压接。封闭严实的育雏舍，应当安装换气扇，或每隔 4 小时开启百叶窗 1 次（视外界温度决定换气时间长短，外界温度 20℃左右时 20 ~ 30 分，外

界温度 15℃ 左右时 15 ~ 20 分，外界温度低于 10℃ 时，进风口应有升温装置，以保证入舍气流的温度不低于 20℃ ），实现育雏舍内的空气更新。否则，育雏鹅群表现为精神萎靡、反应迟钝、采食量下降，严重时引发疫情或窒息死亡。

密度过大（ 20 只 /m²）是较为常见的失误，并且常被管理者忽视。临床表现是垫料潮湿，频频扎堆，雏鹅羽毛湿润，严重时胸腹部羽毛紧贴躯体。推荐的育雏鹅的鹅床密度（中型鹅）：1 ~ 3 日龄为 14 只 /m²，3 ~ 7 日龄为 12 只 /m²，7 ~ 15 日龄为 10 只 /m²，15 ~ 20 日龄为 8 只 /m²。

此外，雏鹅胆小怕惊。对于鲜艳的颜色、噪声、异常的气味都很敏感。饲养员在育雏鹅舍内应着工装、不大声喧哗、轻脚走动，操作时轻拿轻放，雨雪天应在育雏舍内准备间脱雨衣、收伞开伞，以减少应激集堆，为提高育成率创造条件。

总体来讲，鹅的抗逆性较强，饲养管理技术相对简单，但要取得较高的育成率，增加财务收益，不仅要在营养方面满足其生长发育需求，更应当结合其生物学特征、习性安排生产，制定出发挥、利用其生物学特性的管理措施。

第二节 鹅是最符合大规模饲养要求的家禽

规模饲养对家畜家禽生物学特性的最基本要求是集群性。然而，在目前人类饲养的家畜家禽中，并不是所有的动物都具有集群性特性。

集群的本能，是长期进化的结果。在漫长的进化过程中，动物获得了群体生活互不干扰的生存优势和互帮互助的本能，甚至社会化生活的本能。就像蜜蜂、蚂蚁的集群生活一样，一个群体就是一个小社会。在群体内，会有自然分工。群体内的各个成员会从自身实际出发，寻找自己在群体中的位置，并承担在该位置上的责任，甚至在生活中固化其位置功能。同理，那些没有集群性的动物，包括野生动物和已经驯化的家畜家禽，集群饲养以后，由于长期进化中形成的独立性的存在，会使其处于不适、焦虑和恐惧状态（简称合群负反应），而长期的合群负反应，轻则影响采食和生长速度，重则导致免疫机能紊乱，降低其对环境的适应能力，以及对疫病的抵御能力。

具有集群特性的家畜家禽，便于合群，集合成为更大的群体。这是因为集群性的存在，合群以后，个体间很少有相互干扰采食、饮水、奔跑、嬉戏、繁殖等生存活动，反而提供了远亲交配的机会，为种群的繁衍提供了机会，更加有利于生存。集群性是合群的基础，合群性是集群特征的更高级表现。

所以，从生态学和动物福利角度出发，大规模的集约化饲养，只能选择那些具有合群特性的动物，至少是具有集群特性的动物。反之，动物会呈现适应性下降、繁殖机能紊乱、生产性能退化剧烈、多发疫病甚至死亡等平缓或剧烈反应。例如，随处可见的家雀，装笼饲养后拒绝采食而死亡，野鸡装笼饲养后大多数撞笼受伤，然后陆续死亡。

对于马、牛、羊、鹅等草食家畜家禽，因为其祖先具有集群生活的本能，即使经过人类驯养，甚至杂交改良，包括运用克隆技术培育的新的高度专门化品种，依然存留有集群性特征，能够逐渐或很快适应集约化饲养的生存环境。猪、鸡等非草食畜禽，其祖先为非集群生活动物，经人类的驯养，逐代弱化其独立性。近年兴起的集约化饲养，尽管使用了人工培育的品种猪、品种鸡，但饲养方式是在泯灭其独立性。人为地强制性并群、合群，频繁地分群、组群，对于这些不具有集群性的畜禽，实在是一种不良刺激。这种合群负反应在规模猪场（"僵猪"）和鸡场（"小老鸡"）司空见惯，所以才有"平均体重""死淘率"这些指标，才有"散养猪、鸡抗病力强""土猪、土鸡吃起来放心""疫病少用药少"这种说法。

对家畜家禽集群性分析表明，鹅的集群性、合群性表现最好。从这个角度出发，规模饲养最应当选择的畜禽，应该是鹅。

第三节　鹅是产肉性能最佳的草食畜禽

目前，已经实行或能够适应规模饲养的草食畜禽有马、牛、羊、鹅、兔。其主要生产性能和产肉效率如下。

马属动物大多在 2 岁左右性成熟，妊娠期要 11 个月，加之季节发情和单胎的特性，世代间隔在 5 年左右，若只是考虑产肉性能，按甘南河曲马（12 母，2 公，2 ~ 18 岁）平均体重 346.5kg（282 ~ 411kg）、胴体重 165.53kg、净肉重 130.18kg 计算，个体年产肉量 26.04kg。当然，马属动物拥有骑乘、驮载等军用和役用性能，在战争状态，或电力、矿物燃料动力不及的山地或荒漠，仍有不可替代的作用。驴的产肉性能更低，王培基、焦多成等 2006 年对关中驴与新疆驴的杂交一代测定（4 头公驴和 6 头母驴），公驴净产肉 64.08kg/ 头，母驴净产肉 68.98kg/ 头。折合年产肉（按世代间隔 3 年计算）只有 22.18kg ［（64.08+68.98）/（2×3）kg］。

生产牛肉以专门的肉杂牛（包括乳肉兼用牛）效率最高，奶公牛和水牛、牦牛只是在特殊饲养环境下的补充。作为专门生产肉类的肉牛和肉乳兼用牛，同样要在 2 岁以后性成熟，配种大多在 2.5 岁以后，妊娠期比马属动物短一些（9.5 个月），其世代间隔最少为 33.5 个月。按照肉牛或肉杂牛 18 月龄育成出栏，生产一头体重 800kg 的肉牛需要 51.5 个月计算，个体产肉量 320 ~ 360kg（净肉率 40% ~ 45%），年均产肉 74.56 ~ 83.88kg。也就是说，单就产肉性能来讲，牛比马属动物要好得多。

受光照、降水、年积温及土壤等条件的影响，草原地区放牧羊群，虽然有了草库伦，但受大多数母羊冬、春季配种（妊娠期 5 个月）的制约，当年羔羊在 4 ~ 6 月龄出栏依然是减轻草场压力、提高牧羊经济效益的最佳选择。生产性能较好的阿勒泰羊的羔羊早熟易肥，4 月龄公、母羔平均体重 37.8kg；1.5 岁公、母羊平均体重 62.5kg；按 50% 的屠宰率，4 月龄羔羊胴体重 18.9kg，1.5 岁羊胴体重 31.25kg。按出栏 4 月龄羔羊和 1.5 岁羊各占一半计算，每只放牧母羊年产胴体 19.87kg〔（18.9+31.25÷1.5）/2kg〕。乌珠穆沁羊生长发育较快，6 月龄公、母羔体重平均达 38kg（公羔 40kg，母羔 36kg），按净肉率 45% 计算，每只母羊年生产羊肉 17.1kg。

广大农区的规模饲养羊群以小尾寒羊和湖羊为主。小尾寒羊成熟早，繁殖率高，5 ~ 6 个月龄就发情，公羊 7 ~ 8 月龄可配种，母羊一年四季发情，以秋季较为集中，具有多胎性，一年 2 胎或两年 3 胎，产羔率平均 260% ~ 270%。生长速度快、体格高大、产肉多、肉质好是其突出特点，放牧加育肥条件下，周岁育肥公羊宰前活重平均为 72.8kg，胴体重屠宰率 55.6%，净肉率 45.89%。一只母羊年产羊肉可达 22.13kg（72.8×2.65×0.4589/2/2kg）。美中不足的是全舍饲条件下易感性上升，极易发生腹泻脱水。在中原地区，湖羊能够适应全舍饲饲养环境，母羊 5 月龄性成熟，四季发情，大多数集中在春末秋初时节，部分母羊一年 2 胎或两年 3 胎，产羔率随胎次增加，一般每胎产羔 2 只以上，产羔率 230% ~ 270%。周岁公羊平均体重 35kg，母羊为 26kg（平均 30.5kg）。成年公、母羊平均体重 43 kg

（公羊49kg，母羊37kg），平均屠宰率49%，净肉率38%左右。一只母羊年产周岁羊肉14.49kg（30.5×2.50×0.38/2kg）。

鹅是季节性繁殖草食家禽，每年冬至以后日照渐长时期，母鹅开始产蛋，直至小满。150天的繁殖期内产蛋60~90枚，按受精率90%、孵化率80%、育成率75%的较低水平计算，一对种鹅至少可生产肉鹅32.4只，以太湖鹅4月龄出栏重4kg，屠宰率64%，一年内可产全净膛82.9kg。

4~5月龄的兔子，进入旺盛的繁殖期，怀孕期只有一个月，6月龄即可见仔兔。若在没有天敌的环境中，一年可以见到"四世同堂"。用于生产兔肉的人工培养的肉用和兼用品种兔，在限制繁殖的情况下（每年春秋安排4~5个胎次，每胎6只），一对种兔，每年可繁殖子代60只，孙代55只，一年内可生产肉兔60只以上，按4月龄出栏重3kg、屠宰率45%计算，一对肉用种兔年生产胴体81kg，净肉60kg。

前述不同草食畜禽的产肉性能表明，就单个个体的绝对产肉量而言，鹅和兔子、牛大体相当，马属动物次之，羊的效率最低。若按100kg体重的产肉效率比较，仍以兔子和鹅为最高，羊次之，马再次，牛最低。

第四节　鹅在未来中国畜牧业生产中的地位

人类社会发展的过程，是不断探索、利用自然资源的过程。当新的生产方式出现之后，对自然资源的利用方式也应当随之改变，从而实现提高效率、减少浪费，达到人同自然和谐相处的目标。否则，就会出现对自然资源的过度开发、利用效率降低，甚至破坏生态平衡的不利局面。

伴随着国家工业化、城市化的进程，以及农业生产的技术进步，以喷灌、滴灌、复合肥、优良品种、机耕机收、地膜、大棚为代表的一系列新装备、新技术进入农业生产领域，在推动粮食作物单位面积产出提升的同时，养殖、蔬菜、林果业在农业生产中的比重不断提升，农业生产副产品的种类也随之不断变化，以大棚种植为特征的高效农业的副产品利用，也到了必须重视的程度。否则，不仅造成资源浪费，还会重蹈秸秆利用被迫直接还田的老路，形成"残次蔬菜丢弃—承载病原微生物和虫卵—病虫害危及大棚作物—加大农药使用量—大棚蔬菜品质降低"和"养殖业废水蓄积—臭气污染农村大气环境，废水污染地表和地下水—拆除养殖场或禁养—市场肉食品供应不足—肉价上涨—CPI上涨"的恶性循环。

如果说，在第一波规模饲养的浪潮中，由于对鹅的亲水性和季节性繁殖生物学特性的过分强调，错失了将鹅作为规模饲养的优先对象的机遇，那么，在粮作种植面临不断增加的病虫害危害，以大棚为代表的保护地栽培面积急剧增加，以及规模养殖面临疫病威胁日趋严重，排污压力危及生存，特别是18亿亩耕地红线有可能被突破、14亿人口需要粮食自给自足的今天，将规模养殖的重点从猪禽等精料型为主转向以草食畜禽为主，必将成为一种战略选择。而在养殖业新的战略转移中，将鹅的规模饲养作为优先项目考虑，是一举多得的智慧决断。

规模养鹅业作为未来优先项目，是顺应其草食性、合群性、产肉性能良好、肉品质量最佳等生物学特性的，其生产效率高、收益高、饲养管理难度低、疫病危害轻，既能够充分利用饲草资源，直接减少养殖业用粮，缓解人口用粮压力，又能够大量消耗农作物的秸秆秧蔓和糠麸糟渣，以及蔬菜大棚的残次蔬菜等副产品，直接减少病虫害存活载体，为种植业减少农药用量提供直接支持。

同时，在规模鹅场的人工草地建设中，可实现人工草地和养殖企业的废水处理池的有机结合。即在废水处理池中种植速生的水生和浮生植物，可利用其游水、采食绿色植物的天性直接放牧，也可收集后打浆饲喂，实现节约土地资源和提高水体净化效率的双重目的。所以，选择规模养鹅作为未来草食畜禽发展战略的突破口，符合国家优化生态环境、造福子孙后代的可持续发展战略，是走向节粮型畜牧业的战略转移形势需求，也是畜牧养殖业长足发展的增长点，更是现有猪禽等精料型养殖企业"凤凰涅槃"的重大机遇。

第二章 群鹅行为特性及其在饲养管理中的应用

鹅是一种草食家禽，大力发展养鹅业有利于我国南方地区草山草坡及中原地区"十边地"草地资源的开发利用，有利于畜群结构的调整和"节粮型牧业"战略的实施，也是增加农民收入、巩固脱贫攻坚成果的有效措施。1997年以来，河南农村养鹅业发展迅速，种鹅饲养、饲料生产、药品和疫苗供应逐渐完善，规模饲养此起彼伏，推动着养鹅生产的产业化、商品化进程。分析养鹅场（户）的成败案例，总结其经验教训，共性的认识是养鹅业的发展，需要同市场的良好衔接，更需要提高一线饲养场（户）的饲养管理水平。本章旨在围绕利用鹅的行为学特性，提高鹅群饲养管理技术水平展开讨论。

第一节 群鹅的"开水""开食"和"开青"训练

"开水""开食""开青"方法正确与否，对雏鹅群的健康有极大影响，也是提高育成率的一个重要因素

一、"开水"及其训练

群养鹅的"开水""开食"，即训练雏鹅的饮水、饮食。首

先应当明白，孵化室内的雏鹅，多数因为惧怕销售时品相不佳而不给饮水。所以，饲养者在购回雏鹅后的第一项工作就是教会雏鹅喝水，"开水"越早，死亡越少，这是降低育雏死亡率的第一步。

初入育雏舍的雏鹅，虽然失水很多，处于饥渴状态，但仍不知饮水采食。因而，饲养员应预先准备好清洁饮水（凉开水，或五倍稀释的生理盐水，或 1/4 000 ~ 1/3 000 的高锰酸钾消毒水，后两种只可饮用一次），手抓雏鹅，将喙端浸入饮水器（或水盘、水槽、水盆等简陋饮水装置）。数秒后，雏鹅会摇头甩出，连续浸蘸 3 ~ 5 次后，雏鹅会频频咂嘴，饮咽几口后，被浸水个体即知道饮水。当被浸水个体自主饮水后，群内大胆的个体也就会围住饮水器或水盘试探性饮水，3 ~ 4 小时后，50% ~ 60% 的个体学会饮水。至 5 ~ 6 小时，群内仍有 5% ~ 10% 个体尚未饮水，其原因是先学会饮水的个体紧紧围绕饮水器或水盘频频饮水而不离开，甚至踏入水盘中。此时，饲养员应将饮水器周围的雏鹅抓出，放在外圈，并将未饮到水的弱小个体抓置于饮水器跟前，让其模仿其他雏鹅，学会饮水。

二、"开食"及注意事项

一般情况下，雏鹅出孵第二天即可"开食"。当光线足以让雏鹅看到饲料时，饲养员可投以蒸至"半熟"但不发黏的米粒或颗粒料诱导"开食"。此时，由于叼啄的天性，雏鹅会自己前往叼啄尝试。最初的叼啄是个别行为，前几次叼啄后并不吞咽，反复几次之后才开食吞咽，并伴以轻微的"唧唧"声，其他雏鹅会在"唧唧"声的引导下前往模仿，经过 2 ~ 3 小时，70% ~ 80% 的个体知道啄食。"开食"3 日后，应调整为配合饲料，并调整料盘（或料桶）的高度，以便于由"啄食"改为"铲吞"。5 ~ 7 日龄，学会铲吞的个体会连续铲吞 4～6 口后，口噙饲料奔向饮水器，饮水后迅速奔向料盘抢食。此时，应将料盘改为料桶，并适当加大同饮水器的距离，以便于弱小个体采食。

三、诱导"开青"

"开青"是指投喂青绿饲料。可在 3 日龄开始。同饮水吃料一样，雏鹅不知道青绿饲料能吃，也不会采食，需要诱导训练。方法是选择易于消化的蔬菜（白菜叶、空心菜、生菜、油麦菜、笋叶等），切碎后均匀撒布于育雏床上，经 5～6 分，雏鹅群消除了恐惧，游离出大群的胆大个体会小心地叼啄青绿饲料。数次叼啄后，雏鹅会歪头观察 1～2 分，而后再叼啄 2～3 次，之后才噙于口中试咬几下丢下，经 3～5 次试咬无危险后才行吞咽，叼啄时伴以轻微的"唧唧"声，此过程中会有其他雏鹅前来争夺，甚至出现甲个体叼啄乙个体丢弃的菜叶，也会出现甲个体试验叼啄而乙个体已经开始吞咽的情况。经 20～30 分，群内半数个体可学会采食青绿饲料。间隔 2～3 小时后第二次投喂，70%～80% 的个体学会采食，第三或第四次投喂后，全群学会采食。学会采食青绿饲料的雏鹅，对青绿饲料及投喂动作不再恐惧集群，而是表现出愉快欢迎的姿态，一边采食，一边兴奋地低声鸣叫，部分个体会撕拉争夺同一片菜叶。此时，应注意少量多次，均匀撒布，让群内的所有个体都能采食到青绿饲料。其次，不可切得过碎，叶片如拇指大小就行。5～7 日龄时，可投入部分禾本科嫩草，并加大青绿饲料投喂量。7 日龄后，实行定时投喂青绿饲料，并不再切碎。争夺和撕拉可增加运动量，有助于放慢"采青"速度，也有利于生长发育。

第二节 采食行为及其在管理中的应用

10 日龄左右，鹅群能够正常采食青绿饲料时，即应变自由采食为定时给料。

每日给料次数因鹅的种类、年龄及饲养方式不同而异。10 日龄前自由采食，10 ~ 20 日龄每日给料 4 次；20 ~ 30 日龄种鹅每日给料 2 次；产蛋期种鹅应视草场优劣每日补料 1 ~ 2 次；30 ~ 60 日龄商品鹅视草场饲草种类和产草量决定每日补料次数或不补饲，60 日龄后，进入育肥期商品鹅，可早、晚各补饲 1 次。

约经 10 日训练，鹅可以形成定时采食习惯。到了采食时间，经过训练的鹅群会在公鹅的带领下从水中或运动场奔向饲养区围住料槽采食。若未投料，鹅群则聚集于给料间门口，或围绕饲养员大声喧叫。当发现饲养员提料桶给料时，散布于水面或运动场的鹅群迅速前来，给料间门口的鹅群会紧随饲养员奔向饲养区。进入采食区后，鹅不像其他家畜那样奔向自己的槽位，而是围绕饲养员兴奋地鸣叫；投料入槽后，鹅群则不分家族和强弱，奋不顾身地抢食。如弱小个体围于料桶（或料槽）前，强壮个体会踩其背腰伸头抢食；如强壮个体围于料桶前，弱小个体会从腹下、腿裆间伸头抢食槽中或地面抛撒的精料，最弱小个体则奔向下一个槽位；当前槽位精料即将抢食完毕露出槽底时，强壮个体会迅速奔向邻近有料槽位抢食，弱小个体则捡食槽底及地面抛撒的精料。采食过程中不鸣叫，不打斗。鸣叫的为采食不到饲料的病弱个体，抢食精料时边铲吞边抖脖下咽。当精料为干料时，在第一采食位抢光后，多数鹅会迅速奔向饮水器，饮水 3 ~ 5 口后迅速奔向第二采食位。

吃饱或料槽内无料时，鹅群才下池塘（或河道）缓慢饮水、游泳。

弱势家族常在多数强势家族下水后捡食地面饲料，并用嘴勾动料桶料槽，寻找剩残饲料；当感到无剩残饲料时，家族中的数只公鹅和强壮母鹅会发出响亮鸣叫，引导全家族下水。

饮水结束后的游泳中，鹅群开始自我洁身。强壮的公鹅在完成"自洁"后，率先频频发出响亮鸣叫，进行家族分离。浅水区"自洁"和已经上岸鹅群中既有公鹅的响亮鸣叫，也有母鹅低沉、短暂的"咯咯咯"叫声，逐渐完成分群后，以家族为群自由活动。

采食行为表明，鹅群内有位次效应，位次的排列以公鹅的强弱为决定因素。管理中依据位次效应组群，给弱势家族适当地增加精料，有利于缩小出栏时的体重差异。

第三节　放牧行为

20日龄后，鹅群即可放牧。经3～5日的训练，鹅群即可适应放牧。

经过训练的鹅群，当放牧人发出"出牧"的口令（哨声或固定的乐曲）后，散布于场内各处及水面的鹅群会自动集中，依次序走出鹅场大门，并在"头鹅"带领下走向放牧点。"头鹅"不一定是公鹅，也不一定是最大的鹅，但一定是身体最强壮、反应最机敏的鹅，并随着发育中的健康状况、分群的变化而不断更换。早晨出牧时，鹅群依次在场门口扇动翅膀3～4下，而后展翅低飞（双脚不离地面）8～10m，落地后头颈贴地伸长发出短暂响亮叫声以相互招呼问候，然后缓慢四散活动寻找食物。当鹅群全部离场集中后，"头鹅"才带领鹅群向放牧点前进。

不论早、中、晚，出牧时的队形都是"一字长蛇阵"。行进次序为头鹅、健壮公鹅、健壮母鹅、一般公母鹅、病弱鹅。行进中，不分家族；当遇到路口时，"头鹅"会等待放牧人的口令；

遇到水坑、异物时，鹅群则站立不动，观察数分钟确定无危险时，才绕行前进；当遇到动物、行人、车辆时，鹅群会迅速返回，被放牧人强行驱赶 3~5 次后，才会形成绕行习惯；当发现路旁有可食牧草时，"头鹅"会引领大群前往采食；当在公路另一侧有鹅群采食时，后边的鹅会不顾危险越过公路前往采食，尤其是同一家族的公鹅脱离大队时，该家族母鹅会追随脱离大队。所以，"出牧"时发生的丢失，往往是同一家族。正常的"出牧"行进中，游离出群数量不超过 3%。

到达放牧地点后，鹅群会自动分离。公鹅在采食到鲜嫩可口的牧草或籽实时，会一边快速采食，一边发出低沉短暂的"咯咯咯"叫声，引诱同家族母鹅前来采食；非本家族母鹅前来采食时也不驱逐；母鹅发现优质牧草时，只顾自己闷头采食而不鸣叫。遇到较深牧草时，母鹅在听到公鹅的叫声后，会沿着公鹅蹚出的路径行走，采食后循原路返回。各家族在自己的采食点采食完毕后，会发出响亮单调的"嘎嘎"叫声，以寻找其他群，其他群在听到寻找叫声后，会以同样的叫声回应。进入劣质草场或数次放牧的草地后，公鹅会快速奔跑寻找采食点，母鹅则在公鹅后边一边前进一边采食低矮牧草。进入优质草场 20 分左右，鹅群达到七到八成饱就开始卧地休息。放牧点周围有水源时，经过 20 分的采食，鹅群会在公鹅的带领下前往饮水，之后重新采食。

鹅采食的牧草种类繁杂，采食的部位和喜食程度因季节不同而异。豆科牧草除了籽实，茎、叶、花均为鹅最喜食；最喜食禾本科牧草的嫩芽和籽粒，鲜叶次之，干叶不食；最喜食藜科牧草的籽粒，也采食其叶片和嫩茎。

在野外，鹅有三种采食行为，啄食、咬食和跳食。

1.啄食　见于成年鹅采食鲜嫩牧草和40日龄前仔鹅采食牧草，

可分为站立啄食和行走啄食。站立啄食见于采食点鲜嫩牧草较多，鹅群停止前进低头连续啄食，边啄食边抖脖吞咽，直至把屈伸脖颈能够到范围内的牧草啄食完毕才行走；行走啄食见于放牧过数次草场的鹅群，或秋季放牧鹅群，因为此时牧草较少，鹅群需要边前进边采食，以便于搜寻最喜食牧草。

2. 咬食 大多见于成年鹅采食夏末和秋季牧草。此时，禾本科的狗尾草、狼尾草、马唐，豆科的大多数牧草分别进入抽穗期或现蕾期，鹅只发现后侧头咬住穗蕾，通过上下颌的快速运动，锯齿状喙将草茎切断吞下穗蕾；当遇到牛筋草或晚秋大多数老化牧草时，鹅只侧头咬住穗头后，通过转动头部而扭断草茎，并伴以咀嚼及向后拉动而获得食物。

3. 跳食 见于成年鹅采食秋末和冬季高大植株干熟牧草的穗头和荚果。鹅只在走动中发现目标后，原地跳起 10 ~ 15cm，噙住牧草穗头或荚果后落地，在自然下落中将其扯离植株。有时穗头或荚果随茎秆弯曲，鹅只便通过嚼咬撕拉将其分离吞咽。

放牧中遇到猫、狗、蛇、鼠等动物时，鹅只发出短暂"嘎"惊叫后，扇翅奔回鹅群，群内的公鹅则停止采食，昂首盯视目标。若小动物自己活动而不攻击时，公鹅也不会主动出击，只是站立监视；若小动物攻击，被攻击鹅发出连连的"嘎、嘎、嘎"哀叫，并拍翅逃离时，公鹅会发出响亮的惊叫，招来数只公鹅从不同方向攻击小动物，直至小动物逃离。

连续三次在同一地段放牧后，鹅群即能够在头鹅的带领下沿着出牧路线自行返巢。归牧的队形有菱形、三角形和"一字长蛇阵"三种。菱形和三角形收牧队形见于放牧中采食充足鹅群，前者为收牧中的自然行进队形，后者为驱赶收牧队形。"一字长蛇阵"收牧队形则是放牧中采食不充分的表现。出现"一字长蛇阵"

收牧队形时，一是返回后注意补饲，二是要清点数量，检查是否有掉队丢失。检查时，应特别注意路边杂草茂盛的水沟、障碍物。当暮光降临时，采食不足鹅群不再挑食，而是采用无选择地快速采食，当牧鹅人发出强行收牧口令后，常有贪食个体或家族不归群现象。所以，在强行收牧时，除了数次大声吆喝外，还应检查草场内的高大茂密草丛处是否有贪嘴鹅。

第四节　啄羽行为的辨别及应用

鹅的啄羽包括自净啄羽、啄尾和啄背三种行为。

1. 自净啄羽　鹅有洁身自净的天性。不论成年鹅，还是青年鹅、幼鹅，甚至雏鹅，睡醒和下水游泳后，即行自啄羽毛打扫卫生。自啄的顺序依次为：肩部、背部、翅膀、腹下和脖颈。其行为是每次啄翼羽一根或其他羽毛数根，口含羽毛后从根部向末梢滑出，清洗梳理完毕后开始擦油，即从尾脂腺处叼取脂肪向躯体各部位摩擦，擦油的顺序依次为肩部、背部、翅膀和胸部，腹下很少见擦油。

2. 啄尾　30日龄后的雏鹅开始建立家族群，家族间的识别，依靠叼啄尾部的尾脂腺完成。经过 7 ~ 10 天，同一家族的个体形成牢固记忆，不再啄尾即可通过气味识别。因而，此阶段可见外来个体进入睡眠群内叼啄处于睡眠状态鹅的尾部，非同一家族的被啄者，起立后向前走动几步继续睡眠；同一家族的仅快速摇动 3 ~ 5 次尾巴以示应答，外来者见到应答即就近相依卧下。

3. 啄背　啄背为非正常行为。特征是个体间相互叼啄背部羽毛，轻则背部羽毛色泽灰暗，呈现湿漉漉的束状，重则背部羽毛被啄光，皮肤暴露，甚至出血。如不及时处理则发展很快，第 1 日可见 30% 的个体背部无毛，2 日后 50% 以上的个体光背，3 日后则

80% 以上个体光背，并伴有背部出血。

三种啄羽行为中，只有叼啄背部羽毛才是病态行为，养鹅人和非专业人士所说的"啄羽"，是指啄背这种病态行为。导致病态啄羽原因有密度过大、光照太强、青绿饲料不足、饲料盐分超标和圈舍湿度过高等。高温啄羽常伴发打斗和张口呼吸，双翅展开；高湿啄羽常见羽毛表面湿润，腹部脏污明显；密度过高和光照太强啄羽均有叼啄头部羽毛现象，前者光头光背先见于弱小个体，后者则先见于强壮个体；青绿饲料不足和饲料盐分超标啄羽则表现为群内个体间不分强弱大小的"打乱仗"，但是发展较为缓慢。

驱赶性叼啄：驱赶性叼啄为鹅群的一种自我保护行为。通常，被叼啄对象为患病且预后不良个体。其特征是群内所有个体都对该个体表现厌恶，不论个体大小，谁碰见都叼一口，叼啄部位不确定，头、背、翅、尾各部位均可受到攻击性叼啄，直至被叼者逃出群体。

第五节　睡眠行为及其特征

鹅的睡眠行为可分为白昼睡眠和夜间睡眠。

1.白昼睡眠　白昼睡眠每次大约需 1 小时，有放牧中睡眠和圈舍内睡眠两种形态。

（1）放牧中睡眠。进入放牧地段的鹅群，经 20~40 分采食，大多数已经达到七八成饱后，首先可见个别高大强壮个体站立不动，闭目养神，3～5 分内若无干扰，即将头藏于翅膀下睡眠。此时，若鹅群无大的游走行动，就会出现陆续就地卧下藏头睡眠现象。自第一只鹅睡眠开始 10 分左右，会有 20%～30% 的个体睡眠；15～20 分，睡眠个体会增加到 50%；30 分后，先行睡眠的鹅重新站起寻找食物。如欲饮水或转移放牧点，应在 20% ~ 30% 的鹅只睡眠时进行。

（2）圈舍内睡眠。鹅群采食精饲料饮水后，或在水中游泳嬉戏之后，会在公鹅的带领下，寻找干燥地段睡眠。此时。睡眠的家族区分明显，不同家族会在不同地段睡眠；不睡眠家族，仍在觅食或游泳，或在自洁羽毛，相互间并不干扰。

2. 夜间睡眠 夜幕降临时，吃饱喝足的鹅群进入睡眠状态，每次睡眠 1 ~ 2 小时。陆地睡眠的鹅群，常选择干燥、视野开阔的地段。不论春夏秋冬，在视野开阔的干燥地段，有落叶或干枯野草的位置，常常是强势家族的优先位置。河渠、池塘中的鹅群，常常在靠近水面的岸边地段睡眠。冬春寒冷季节的大风天，鹅群会自己选择避风地段睡眠；夏秋酷热季节，鹅群会自动寻找树荫、凉棚，或遮阳处睡眠；雨天，鹅群在雨中站立睡眠；雪天，鹅群可卧于雪地或冰面睡眠；有饲养员在场中看护时，鹅群则栖息于饲养员周围。

不论何时何地的夜间睡眠，强壮鹅总是居于群体的中间，弱小个体睡眠在外围。睡眠时，80% ~ 85% 的个体呈卧姿，其余为站立状睡眠。站立睡眠鹅中 1/3 个体为单腿站立。2% ~ 3% 的站立鹅承担放哨任务，俗称"哨鹅"。"哨鹅"在听到站立睡眠鹅的喉间发出长而尖细或低沉轻微连续 3 ~ 4 声的"咯咯咯"叫声后，就缓慢走向睡眠区中间的空隙地卧下睡眠，被"哨鹅"走动中蹬醒的鹅自觉站立，承担放哨任务。

当遇到青蛙、蛇、刺猬、蝙蝠等轻微干扰时，受干扰的睡眠家族的"哨鹅"会发出较大的"咯咯咯"叫声，睡眠中的同家族受扰鹅会发出轻微的"咯咯咯"声予以回应，整个家族会缓慢转移到睡眠群体的另一端，未受干扰的家族则原地不动，继续睡眠，只是在转移家族通过时发出轻微的"咯咯咯"叫声以示知晓，俗称"扰群"。

当夜间睡眠鹅群遇到猫、狗、猪、羊等较大动物干扰时，不会像白昼相遇时监视对方，"哨鹅"会发出响亮尖利的嘶鸣，鹅群则不分家族、大小，全部迅速逃入水中，或在圈舍内飞奔，并伴以强烈的嘶鸣声，俗称"惊群"。产蛋期的鹅群，"惊群"后2～3日，会形成畸形蛋的小高峰。睡眠中的鹅警惕性高，容易惊群，是鹅的一大特征，这也是民间养鹅护院的根本原因。入侵动物撤离后10～15分，环境一直处于安静状态，群内"头鹅"会发出粗憨低沉并带有升降弯曲的叫声，受惊吓鹅群才会逐渐停止鸣叫，重新进入睡眠状态。每次1～2小时的睡眠结束后，鹅只会缓慢站起、走动、排粪，而后继续睡眠。2～3次的睡眠之后，站起的鹅走动、排粪，不再睡眠，在公鹅的叫声带领下寻觅食物，若料桶中无料，则返回睡眠区再次睡眠。在曙光初现、天色朦胧将晓时，则在公鹅的带领下，以家族为单位四散寻找牧草。

第六节　游泳行为和下水训练

鹅虽然是水禽，但20日龄后的雏鹅第一次到达河边却不敢下水，鹅群呈长线状站立于河岸边，4～5分后，群内胆大个体开始饮食河水。大约15分后，饮水个体尝试蹚过浅水区，惊恐拥挤状才逐渐消失。约30分后，进入浅水区个体敢于在水中洗头、玩耍，50%的个体试探进入浅水区饮水。为了防止受凉感冒，第一次驱赶雏鹅群至河道或池塘时，不论雏鹅群是否下水，1小时左右应收群上岸。

第二次下水较第一次好驱赶。在浅水区站立10分左右时，胆大个体即开始向深水区试探，当其双脚踩不到河底时，即迅速返回，1～2分后，该个体会继续尝试，如此重复3～5次，该个体即敢于在深水区自由游动。此时，成功的喜悦会使其频繁地进出深水区，并在雏鹅群中到处穿插以炫耀。大约经过 30 分，会有 3 ~ 5 只公雏鹅模仿第一只鹅的动作，并且成功的喜悦会使其在游泳中伴以戏水、扇动翅膀。当有 10 ~ 20 只雏鹅进入深水区后，胆大的个体开始下潜试探水深。第一次潜水大多头朝河中间，扎水也很浅，时间也很短，常见尾巴还没有入水头就探出水面，双脚一旦蹬到河底后带起一片浑水，潜水的水平距离不足 1m，出水后向前冲 3 ~ 5m，成功后不顾疲劳连续潜水 8 ~ 10 次，其他公雏鹅竞相模仿，形成 3 ~ 5 只在潜水、10 ~ 20 只在游泳、70% ~ 80% 的雏鹅站在浅水区观看，还有 20% ~ 30% 的雏鹅在岸边走动的"初次下水"景观。同样，第二次下水时间也不宜过长，当大多数雏鹅进入浅水区 30 分后，不论是否学会游泳，都应该收鹅上岸。

第三或第四次下水时，若 70% ~ 80% 雏鹅进入浅水区，饲养员应驱赶河岸边雏鹅下水，下水活动应控制在 30 分左右，5 ~ 6 天后，雏鹅群学会下水游泳后，每次下水活动时间应掌握在 20~30 分。

训练游水应选择晴天，尽可能是晴朗无风的天气，时间最好是在每日的 10 ~ 15 时。

雏鹅群学会游泳之后，每次补饲精饲料或放牧归来，就自动下河饮水、洗澡、游泳。当采食不足且水面有浮游植物时，则在水中游动采食。此时，应视雏鹅群的年龄和季节、天气情况等因素掌握下水时间。原则上鹅龄越大，下水时间越长；天气晴好气温较高时，可以延长下水活动时间。

性成熟期和繁殖季节到来时，公鹅下水不仅仅是游泳、清洁、采食和饮水，还为了取悦母鹅。此时，公鹅游泳的花样增多，侧泳、仰泳、侧洗、翻动洗，频频潜水并延长潜水距离，深水区站立展翅，甚至贴近水面飞翔等花样百出，以吸引母鹅，为实现交配做铺垫。

第七节　交配行为

公鹅追逐母鹅有交配要求，最早见于 90 日龄（豁眼鹅），大多发生于 120～150 日龄。

大多数鹅的交配在水中完成，所以，饲养种鹅应有足够的水面。否则，受精蛋比例会大幅度降低。

最初的几次交配表现为公鹅追逐母鹅，追逐距离 3～5m，个别可达 8～10m。但不论远近，最初的交配多因母鹅不配合而失败，表现为公鹅拉掉母鹅颈、肩、背部羽毛，母鹅逃离，公鹅受到其他公鹅攻击而结束。

正常的交配从嬉戏开始，公鹅在水中频频扎猛子，以翅扇水，并不断的发出响亮短暂且连续不断的"嘎！嘎！"叫声，同家族母鹅闻声而来，公鹅快速游走，母鹅追随前进，游动 5～10m 后，只有待配母鹅紧追不舍，其余母鹅陆续分开。之后，发情母鹅围绕公鹅正游 3 圈，倒游 3 圈，此时，公鹅确定了交配对象，以头贴近母鹅，外侧翅膀频频扇动水面，并伴以低沉连续的"咯咯咯咯咯"叫声，母鹅在发现公鹅开始叼啄其颈部羽毛并踩背时，大多数迅速引领公鹅进入浅水区，待双脚踩到河底时，站立收身协助公鹅完成踩背动作，并翘尾巴协助完成交配。无经验的母鹅在公鹅叼啄其颈部羽毛时，在深水区内停止游动并收身，此时，若遇到无经验公鹅，一边上背，一边勾尾巴，往往因母鹅在水中左右晃动而致交配失败；有经验的公鹅会多次重复上背动作，真正完成上背后才勾尾巴交配；老练的母鹅会在公鹅叼啄其头颈羽毛后，引导公鹅游到浅水区。无经验的公鹅边上背边勾尾交配，或在浅水区已经踏上母鹅脊背，形成一上一下叠摞前进。由于公鹅自然前倾，母鹅头部一直被浸在水中，导致母鹅挣扎举头出水呼吸，故而交配失败。交配成功后，公鹅扎1~2个猛子后游离鹅群休息。交配公鹅游离时，会尽可能绕开其他公鹅，否则将受到其他公鹅的叼啄。完成交配的母鹅连续用头向背部撩水3~4次，扇翅2~3次，快速左右摇尾3~4次后上岸休息。

公鹅性欲旺盛而母鹅拒绝交配时，公鹅叼啄母鹅头颈部羽毛时，母鹅会迅速游动逃离。逃离时常常伴有双翅拍水动作，于游动中引导公鹅向浅水区游走。

鹅的交配行为说明，饲养种鹅要有足够的水面以利于提高交配的成功率，并且50cm以内的浅水区面积不得低于总水面的1/3。

第八节　产蛋行为

母鹅大多数于每日的2~10时和14~22时产蛋。据统计，2~6时产蛋的占12%~15%，6~8时产蛋的占20%~25%，8~10时产蛋的占8%~12%，14~18时产蛋的占10%，18~20时产蛋的占20%，20~22时产蛋的占10%，其他时间产蛋的不超过5%。

母鹅有固定窝位产蛋的习惯。母鹅喜欢在安静、阴暗、干燥处筑巢产蛋，当自己的窝位被其他母鹅占领时，若为群内位次较低的弱势母鹅，则卧于产蛋窝边等待，直至占领者产后离去才入窝产蛋，因而，常常可见产于窝旁的鹅蛋。若为群内强势母鹅，则叼啄占领者，直至其腾挪离开为止。占领者若为弱势母鹅，打斗很简单，叼啄一两次，甚至不用叼啄，对方就自动走开；占领者亦为强势母鹅时，不但不躲避叼啄，反以叼啄相迎，但不站立，后来者一直叼啄，直至腾挪部分窝位强行卧下为止；有时后来者急于产蛋则不顾占领者的叼啄卧其脊背之上，叼啄的实在受不了时，会以尾相向。

母鹅临产时，发出 3 ~ 4 秒响亮的"咯咯"鸣叫后，同家族公鹅立即前来护送母鹅进入产房。雄性好的公鹅会等待母鹅在产蛋窝内卧下方才离开，雄性差的公鹅则护送至产房门口即离去。不论雄性强弱，所有公鹅都不会驱赶窝内产蛋的母鹅，而靠临产母鹅自己去驱赶窝内的占领者。

产蛋时间长短不等，多在 10 ~ 30 分内完成。入窝后母鹅首先用嘴勾翻其他鹅产的蛋，双脚尽可能不踩蛋，卧下后胸腹晃动（俗称"偎窝"）3 ~ 5 次，并用嘴勾叼窝边干草送于腹下，闭目静神 5 ~ 20 分后开始产蛋。60% ~ 70% 的母鹅采用站立姿势产蛋，30% ~ 40% 的母鹅采用卧姿产蛋。产蛋开始，随着努责加强，会听到母鹅喉管发出低微细长并带弯曲的"咯儿"呻吟声，所有的鹅蛋都是大头首先产出。产蛋后如无其他干扰，70% ~ 80% 的母鹅会暖蛋 10 ~ 15 分，并叼啄窝内碎草将蛋隐藏后方才离去。

当有小动物或饲养员走近产蛋窝时，母鹅迅速逃离。大多数母鹅会在干扰消除后自动返窝产蛋，少数母鹅会将蛋产在岸边或水中。

正常的产蛋行为要求安静的环境和足够的产蛋窝。所以，饲养蛋鹅或种鹅场除了应有一定的水面外，还应保持相对安静的环境。进入产蛋季节，一定要拴好看场狗，将猫限制于住室内。

种鹅场每日收集 4 ~ 5 次种蛋（7 时、9 时、12 时、18 时，产蛋旺季将 18 时改为 16 时、20 时各 1 次），商品蛋鹅场每日早、晚各收蛋 1 次即可。

第九节　啮齿行为

鹅喙边缘沿口腔外侧呈锯齿状，舌侧及喉头皮肤角质层也呈锯齿状，这些锯齿状器官具有牙齿功能，是采食牧草及坚硬果实的重要工具。但它们会随着组织器官的不断生长而增长，当放牧时间不足、长期采食鲜嫩牧草和采食配合饲料时，鹅就要像老鼠、兔子那样，通过啮齿行为来磨损生长旺盛的锯状齿，不同的是鹅的啮齿不是啃咬笼具，而是在潮湿地段或小水坑中通过咬嚼泥沙完成。

鹅的啮齿行为发生在中午或晚间采食、游泳之后。

啮齿时群鹅以家族为单位散布于河渠、池塘边，两腿并立或前后分开，脖颈伸向前下方，喙向前下方斜伸，先行吸水漱口，而后曲颈垂直向下啄泥。漱口时鹅的上颌不动，下颌连续快速运动，水流自前端进入口腔后，随舌头的上下运动从两侧的舌齿和喙齿缝隙流出，鹅头贴近水面左右摆动，双腿慢慢向前走动；至岸边稀泥处开始啄泥，啄泥时上下颌同时运动，并不时将泥团向左右甩出。啮齿行为不同于饮水，饮水时上下颌连续运动 4～5 次后有仰头饮水动作；也不同于采食水中食物，虽然上下颌同时运动，但没有不时抖脖吞咽动作。

为了减少啮齿时间，降低不必要的能量损耗，应有足够的放牧时间。使用精饲料舍饲的鹅群，应尽可能使用具有足够硬度的颗粒饲料。

第十节　打斗行为

鹅的打斗可分为同族群内的轻微打斗、并群打斗和决斗。

家族内打斗不分性别，同年龄段均可发生，多见于青年鹅阶段，多以行进或采食中的相互叼啄表现，行为轻微，不至于掉毛。

并群打斗类似于人类的古代作战，只是在将领之间进行。当外来鹅群在公鹅的带领下接近原居群时，附近原居群公鹅不分大小迅速围拢，并贴地面伸长脖颈，目视外来群，发出短粗响亮的"咯咯咯咯咯咯咯咯"连续八声的示威驱赶声，对方所有公鹅以同样姿势趋前对阵，并发出同样的叫声，经5~8次鸣叫驱赶对方仍不撤退时，双方最强壮彪悍的公鹅开始打斗。打斗时双翅展开但不扇动，脖颈贴近地面突然发力前冲，接触后咬啄对方头、颈、肩部羽毛并伴以撕拉。多数情况下，强者咬啄弱者头、颈4~5次后，弱者逃离，随之全群撤离，打斗在4~5分内结束。当进攻者没有叼啄到头、颈要害部位而是肩、背部时，对方反攻激烈，打斗时间较长，双方其他公鹅边鸣叫边趋前，但不参加打斗，一旦分出胜负即行离开，从而形成群内的家族位次。

决斗属于群内打斗，常发生于繁殖季节，是最为激烈的体重相近公鹅间的个体打斗。打斗行为与并群打斗相同，但激烈程度高得多，需10~15分才可分出胜负，常常见到撕咬掉的鹅毛。

打斗行为是鹅的生存本能，不会造成伤亡。母鹅间很少见激烈打斗，鹅群中母鹅间频繁发生激烈打斗时应检查饲料，并注重检查饲料卟啉类营养和食盐的含量是否超标。

第三章　健康雏鹅的刚性模型及育雏

几十年来，以生猪、蛋鸡、肉鸡为代表的规模养殖业发展的成功经验很多，其中在疫病防控方面，最重要的一条经验是"以防为主，防重于治，养重于防"。同样，这也是肉仔鹅规模饲养必须借助的经验和遵循的基本法则。而要真正落实，饲养人员就必须掌握健康鹅和鹅群常见疫病的基本特征，及时发现鹅群的细微异常现象，为"早发现，早隔离，早治疗"创造基本条件。本章介绍健康雏鹅的刚性模型和育雏，为提高雏鹅育成率创造基本条件。

第一节　健康雏鹅的刚性模型

肉仔鹅刚性模型由反应灵敏的精神状态、正常的生活行为、良好的发育速度及良好的体质体况构成。

一、精神状态

健康仔鹅眼睛明亮有神，绒毛顺溜光滑，反应灵敏，行动自如，手抓挣扎有力，对温度、湿度、声音、气味、光亮等环境因子感知灵敏，并能做出正常反应。它们注视饲养人员的进入，对饲养员的走动、接近的反应正常（如紧盯、躲避饲养员），躲避小动物，躲避移动物体，逃避饲养管理人员的捕捉；受凉时扎堆取暖，高温时支棱翅膀并张口喘气；趋光；抢料；争水；对巨大声响的集群反应，对异常气味的骚动不安等。

二、正常的生活行为

雏鹅的正常生活行为至少包括正常的采食行为、饮水行为、睡眠行为、啄羽行为和排便行为。

1.正常的采食行为 开食后的健康仔鹅,能够记住饲料的形态、颜色、气味等物理特性。定时给料的雏鹅群会踊跃奔向料槽抢食,并在完成采食量的一半以后奔向水槽饮水,之后再次采食、饮水,反复交替至食袋装满。采食时下喙端向前铲入,上喙配合,边铲食边吞咽,不时会有碎料从两侧齿缝漏出。因而,料槽的高度,不仅影响采食行为,还影响采食效率和饲料损耗。不合适的料槽高度,甚至对生长速度也有影响。

需要强调的是不同品种有不同的生长速度指标,采食量肯定也不同,应根据品种、品系的要求供给日粮。全精料自由采食的给料方式适用于杂交品种或品系,其优势在于方便管理的同时,充足的饲料供给也保证了群体中的所有个体的营养需求。当然,对于那些采用没有经过选育的地方品种的肉仔鹅饲养场,自由采食的缺点同样明显,即采食量的充分发挥并不会带来高速生长,反而造成饲料的浪费和抗逆性、抗病力的下降。作者的建议是,非专门的杂交品种或品系,仍以"定时定点饲喂"为佳。定时定点饲喂时,每次给料量不宜过多,要"看鹅给料"。即20%的食袋中有料(食袋的下1/3有料),多数雏鹅的嗉囊装满即可。其次,采食量应当逐日上涨,不提高即为异常。

鹅是草食家禽,对青绿饲料有天生的喜好和消化能力。3日龄后,就会撕扯、吞噬鲜嫩的蔬菜、禾本科嫩草。缺少青绿饲料的育雏群,常发生啄羽现象。所以,在编制日粮方案时,应根据日龄、体重的变化,投以足够的青绿饲料。

2. 正常的饮水行为　雏鹅饮水是依靠上下喙的频繁开合，在两腮、咽喉的配合下完成水的吸入，形成一片"啪啪啪啪"的饮水声。同样，低头饮水时，吸入的饮水会从口侧流出。显然，低头饮水是雏鹅最费劲且效率最低的饮水行为。及时调整饮水槽的高度，既便于雏鹅饮水，也节省体力，提高饮水效率，还能避免饮水区的脏污。所以，在肉仔鹅饲养管理中，不仅要考虑饮水器的数量，还要考虑饮水器的高度。这是蛋鸡、肉鸡所没有的饲养管理内容。通常，给水量是按给料量的 2～2.5 倍掌控，饮水器的高度应同仔鹅的肩膀同高。

3. 正常的睡眠行为　成年鹅有站立睡眠行为，10 日龄以下雏鹅则是正卧睡眠。即在温度、湿度适宜的安静舍内，正常的雏鹅双腿蜷曲于腹下，呈正卧姿势闭目养神或睡眠。育雏舍内温度低时，喙鼻插入翅下；温度高时，姿态各异。如单腿伸展，单翅、双翅的全部或部分展开。注意，正卧而眠是雏鹅的正常睡眠行为，侧卧及头、脖贴于地面的行为均为病态。其次，伸展翅膀和"扎毛"是两个概念。后者是愤怒或有体表寄生虫时的表现。

雏鹅生长到 2 周左右，发育快的公鹅开始站立睡眠，承担鹅群的"放哨"任务，俗称"哨鹅"，是长期进化形成的本能。舍内温度适宜时，站立睡眠的雏鹅双腿站立，只是微闭眼睛，并未进入睡眠状态；舍内温度较低或育雏床传热系数高时，站立睡眠雏鹅会呈单腿交替站立姿势；舍内温度、湿度较高时，站立睡眠十多分钟后，缓慢走动更换地点后再行站立。白昼的上午、下午，雏鹅群分别会有 1～2 小时的睡眠；夜间不论开灯与否，只要安静，雏鹅群会有前半夜 1～3 小时、后半夜 2～4 小时的睡眠状态。熟悉的饲养员夜间检查时，"哨鹅"会发出轻微的叫声，少数鹅会响应"哨鹅"迅速站立。当陌生人或更换服装的饲养员夜间进入育雏室，或有巨大噪声时，"哨鹅"均会发出响亮叫声，将整个鹅群惊醒。"固定人员饲养，穿着工装值班，在育雏舍内轻手轻脚，禁止陌生人进入育雏舍，在各个出入口安装防鼠网"，这些规定或规程的科学意义就在于此。

4. 正常的啄羽行为 雏鹅啄羽并不全是有害信号。首先是相互认识，雏鹅之间的相互认识，是通过相互叼啄尾部羽毛完成的，被叼啄雏鹅轻轻摇动尾巴后，叼啄者即主动走开。其次是自我清洁的需要。雏鹅睡眠前的自我啄羽，多数是发育太快皮肤发痒所致，部分是体表寄生虫引起的瘙痒所致，此种啄羽表现为喙端穿过毛丛直至皮肤，严格讲应叫作啄皮毛；睡眠过后的轻轻啄拉羽毛，则大多为洁净行为。那种周围大多数雏鹅围攻一只且不分部位叼啄，则超出了啄羽的概念。多数情况下，是被攻击者患有不可逆疫病的原因。其时，将其迅速转移出鹅群，或许有治愈的希望。

5. 正常的排便行为 多数雏鹅在睡眠后起来走动时排便。排便时有明显的尾部下压动作，不受惊扰时的站立排便形成宝塔状粪便，粪便周围地面有尿液洇湿痕迹；受到惊扰走动中排出的粪便呈条状，条状粪便同尿痕有无距离，取决于走动速度；部分走动中排出的粪便无尿痕；稀便为病理状态。育雏期没有采食青绿饲料雏鹅的粪便为褐色，或下部褐色、顶部 1/3 为白色帽子的褐色宝塔；采食青绿饲料以后，雏鹅的粪便为绿褐色，顶部覆盖的白色面积很小；饲料中糠麸较多时，粪便松散呈浅黄色。宝塔状或条状粪便上白色覆盖物超过 1/2 时，表明日粮中盐的供给超量，再次配料时应适当降低。粪便呈浅红色或深红色，或表面有血迹，有可能是球虫病病例所排泄。

三、良好的发育速度

不同的肉仔鹅品种或品系有不同的生长发育指标。良好的发育速度是指按照提供的日粮标准饲养，群体中雄性 95% 左右、雌性 85% 左右能够达到各个阶段生长发育指标。否则，从发育速度评判，这个群体的发育就不能算理想。

四、良好的体质体况

体况包含是否有损症和膘情两个方面，是体质的基础。体质是指雏鹅群对环境的适应性和对疫病的抵抗力。理想的雏鹅群应该很少有被毛灰暗无光、喙冠苍白、腿脚苍白或鲜红、瘸腿、掉膀子、脱肛、肿胀等损症个体，多数雏鹅处在中上等膘情。显然，一个膘情良好、羽毛顺畅有光泽、反应灵敏的雏鹅群，对温度、湿度和气压、风雨雷电、浓雾尘埃等环境因素的变化，会有良好的适应能力。同理，此类雏鹅群的非特异性免疫力也处在较高水平，自然有较高的抵抗各种病原微生物侵袭的能力。

第二节　提高雏鹅育成率的技术措施

在"大力发展草食家畜，走节粮型牧业道路"方针指引和非洲猪瘟疫情的挤压下，国内相当一部分养猪场（户）转向了养鹅业，促进了我国肉鹅饲养业的大幅度增长。但是，由于养鹅业的从属地位和地理环境的限制，养鹅技术普及进展极不平衡，盲打莽撞转产、扩产造成的仔鹅成活率低下问题，严重影响着这一产业的稳定发展和整体效益。本节介绍提高雏鹅育成率的技术措施。

一、育雏的温度控制

目前，鹅苗的育雏期多数为 4 周。运用优选法和生产实际测算出的入舍温度（俗称"开温"）控制在 29.8 ~ 31.2℃。具体操作中按照"早春育雏高，初夏育雏低"掌握，其后的 4 周育雏期内有三种控温方法。

1. 均衡降温法　前 3 周按每天降低 0.4℃的办法，第 4 周温度降到 20℃左右，当外界温度不低于 18℃的情况下不再给温（俗称"脱温"）。

2. 先高后低法　第 1 周每天降温 0.2 ~ 0.3℃，第 2 周每天降温 0.4℃，第 3 周每天降温 0.5 ~ 0.6℃，第 4 周保持在 20℃左右，外界温度不低于 18℃的情况下"脱温"。

3. 阶段降温法　前 2 周每天降温 0.4℃，第 3 周维持不变，或每天降低 0.1 ~ 0.2℃，第 4 周维持在 20℃左右，此后根据外界气温变化控制室温，直至"脱温"。

上述三种控温方法难度大小不一，适用于不同地区和不同时段，以及不同方法孵化的雏鹅。应用时应根据育雏人员的文化程度及技术水平、设备条件和地理环境、气候条件等因素设定，也可以结合运用，其基本要点是"看雏施温"，即根据雏鹅在育雏床上的表现调整温度。

二、湿度控制

育雏期内育雏舍不使用专门的"湿度调节器"，但要求育雏舍内摆放开放式饮水槽或圆筒式"自动饮水器"，以饮水槽或饮水器裸露水面的自动蒸发维持舍内湿度。非多雨的春季，室内相对湿度保持在 60%左右。10 日龄后要注意防止室内湿度偏高问题。

三、光照控制

前 3 天，雏鹅育雏室内以 24 小时不间断连续光照为佳，4 ~ 7 日龄每天 20 小时。此后，从 18 小时 / 天逐步减少到 16 小时 / 天。补充光照应根据育雏的不同季节，确定夜间开灯具体时间及时长。

光照强度不宜过高，以 10 勒克斯为佳。光源以白炽灯为最佳。当鹅苗出现焦躁不安或相互啄羽时，可改用蓝色或绿色光源。

四、饮水管理

同所有家禽一样，育雏中按照人饮用水质量标准控制饮水质量，保证充足的饮水是至为重要的。最为实用的方式是使用真空饮水器。鹅苗育雏室内，按照每 100 羽 4 ~ 5 个饮水器，可以保证育雏期内的饮水需求。因为育雏室内温度较高，应按照 2 次 / 天的要求，更换饮水并彻底清洗饮水器。10 日龄后可以使用水盆或水槽供水。

因为鹅苗消化器官和免疫器官功能尚未完全形成，卸车后进入育雏室的鹅苗，应给以 1/4 000 ~ 1/3 000 的高锰酸钾消毒水清理胃肠。所有鹅苗饮水完毕后 2 小时，再添加柴胡注射液饮水 1 次（2 支 / 壶）。2 天内使用凉开水，2 天后使用经过消毒或过滤的饮用水（自来水、泉水、河水等），10 日龄以后可以使用自来水或深井水。有自然光照的时段内，饮水器中要有足够的饮水。

生长速度较快的肉仔鹅对维生素需求量较大，可在饮水中添加电解多维予以补充。

五、开食及给料

鹅苗进入育雏室 3 小时内不要投给饲料，待全部学会饮水（至少是都喝到水）后，才投以雏鹅料。

自由采食的鹅群,料筒数量按水桶的2/3掌握。定时给料鹅群,要保证每羽雏鹅的料槽位长度,小型鹅不低于5cm,中型鹅不低于8cm,大型鹅不低于10cm(以1日龄进入孵化室为准);14日龄后采食位应增加1倍;30日龄后每只鹅的采食位(料位长度)约20cm。

每天清洗一次料槽,可有效避免霉败变质饲料引起的霉菌毒素中毒。

育雏期前3周以自由采食为宜。若定时喂料,应逐渐减少给料次数,从第1天的8次,以后每3~5天减少1次,至育雏结束变为4次/天。

使用肉鸡饲料喂养雏鹅是非常危险的,应饲喂专门的雏鹅饲料育雏。精饲料的用量控制为前3天每只雏鹅10g,4~7天15~20g,第2周每只每天35g,第3~4周50g,第5~7周60~70g,第8~10周100~120g。随着日龄增大,其采食量也快速增加,但是在第4~5周龄要严格控制精饲料的用量,如果使用较多,容易造成主翼羽外翻,也可能诱发"痛风"。

六、青绿饲料供给

鹅是草食家禽,育雏阶段合理使用青绿饲料,这不仅有利于消化系统功能的发育和完善,也有利于避免或减少啄羽问题。

鹅的舌部有味蕾,可分辨辛、辣、甜、苦、酸味和无味食物。3日龄可以"开青",选择鲜嫩的叶菜,如包菜、白菜、上海青、油菜叶、娃娃菜、红薯叶、苦荬菜、生菜、莴苣叶等,洗净晾干后切成指甲盖大小,与精饲料混合均匀撒在开食盘上,让雏鹅自由采食。以后每天早、中、晚各1次,用切碎的青绿饲料与精饲料、粗饲料混合后喂饲,也可在上午和下午单独喂饲。

七、通风管理

雏鹅育雏室内的空气质量越洁净越好。但生产实际中由于工艺、保温和密度的原因，育雏室内的空气质量通常不佳，尤其是在冬季和早春外界温度偏低的情况下，由于室内保温要求而减少通风。通常，当管理人员进入育雏室能够嗅到氨气气味时，空气中的氨气浓度已达到 20×10^{-6} 左右；当眼睛感到不适时，已达到 40×10^{-6} 左右。所以，高架床育雏时建议每天清理一次鹅粪，地面平养育雏时每天应添加一次锯末、草粉或稻壳垫料。

通风是改进育雏室空气质量最简便有效的办法，建议环境温度 20℃ 左右时，晴天的 10～17 时至少通风换气 2 次，通风时长以雏鹅的表现为准。当出现尖叫、扎堆时应立即结束通风。15 日龄以后可以到室外运动场活动时，趁雏鹅离开时打开门窗或风机，充分通风换气。

不论是曾经使用过的老育雏室，还是新建的育雏室，在进气孔洞内加挂紫外线灯，杀灭空气中的病原微生物，是减少雏鹅发病的有效措施。

八、卫生防疫管理

同其他家禽相比，鹅对化学药品的敏感性更高。为了避免雏鹅入舍后"带鹅消毒"，进入育雏室之前试温时，对育雏室彻底消毒非常必要。

4 周育雏期内的每周进行一次带鹅消毒（消毒液浓度从低到高），应选择无刺激性气味、无腐蚀性的消毒剂，床上驱离后喷雾消毒，严禁对雏鹅身体喷雾。

3 日龄内的幼雏接种小鹅瘟疫苗或注射小鹅瘟抗体血清，是提高育雏率的基础工作，也可以要求孵化场在雏鹅出壳后接种。孵化场或养殖场没有购买到小鹅瘟抗体血清或疫苗，不签订鹅苗购买合同。副黏病毒病疫苗应在 10～15 日龄前后接种；20 日龄前后要接种禽流感疫苗。

2 周龄和 4 周龄要分两个疗程使用符合国家规定的药物防治大肠杆菌病。

九、密度和组群分群

雏鹅投放密度过大，不仅空气质量低劣，还容易引起啄羽，甚至发生恶性啄癖，也影响生长速度。推荐的密度为：第 1 周大型鹅 20 羽 /m^2、中型鹅 25 羽 /m^2、小型鹅 27 羽 /m^2；第 2 周分别为 12 羽 /m^2、14 羽 /m^2 和 16 羽 /m^2；第 3 周分别为 7 羽 /m^2、10 羽 /m^2 和 12 羽 /m^2；第 4 周分别为 5 羽 /m^2、7 羽 /m^2 和 8 羽 /m^2；第 5 周以后分别为 4 羽 /m^2、4.5 羽 /m^2 和 5 羽 /m^2。

雏鹅育雏率低下，除了同育雏室温度密切相关外，密度过大和组群不当也是一个重要原因。所以，适当的组群规模也是提高育雏率的重要措施。推荐的组群规模为大型鹅 200 羽 / 群，中型鹅 250 羽 / 群，小型鹅 300 羽 / 群。因公鹅、母鹅生长发育速度的差异，育雏期内应有 1～2 次以体型大小为标准的重新组群。

十、人员管理

雏鹅胆小怕惊，饲养管理人员在日常管理中，要做到穿着工作服（至少不穿着艳丽服装）上岗，出入洗手、换鞋，养成"三轻两不一细心"的习惯：轻声说话，轻脚走动，轻柔操作；不使用气味浓重化妆品，不串岗；细心观察鹅群表现，及时发现和处理问题，圆满完成岗位工作，认真填写工作日志。工作人员和生产规程应保持相对稳定。

附件3-1 优选法及其在生态养鹅中的应用

数学家华罗庚是新中国最先把数学理论研究和生产实践紧密结合的科学家，他创建的优选法，对当时的国民经济建设发挥了巨大的推进作用，直至今日，仍然在发挥着作用。为了提高养鹅场（户）的经济效益，作者特撰此文，以附件形式予以简介。有兴趣的鹅场老板、专业户主和技术人员，可以阅读有关优选法的专著。

许多人见过葵花，吃过葵花籽，许多养鹅场还种植葵花，或使用葵花籽粕。但是，你想过、观察过向日葵的花盘吗？围绕向日葵花盘的一周有多少花瓣，多少花瓣朝向太阳，多少花瓣朝向另一边？

有人观察过、研究过。发现向日葵花有89个花瓣，55个朝向一方，34个朝向另一方。

向日葵花瓣的实例告诉我们，生活中要细心，细心就会有发现。只有细心观察，才能发现共性的东西，才能发现并总结出规律。华罗庚就在葵花花瓣这组数字里发现了规律。

34/55＝0.61818181818…

而0.618这个数字，是非常有趣的数字，也是优选法的灵魂。

为了说明什么是优选法，先看一组数字：

1，2，3，5，8，13，21，34，55，89，144，233，377，…

若你有兴趣，可以一直写下去。因为，这是一个无穷数列。像中国古代数学家发现的"一尺之捶，日截其半，无穷匮也"一样！

有什么规律吗？

有。从第三个数字开始，后一个数字是前面两个数字的和。

你也可以写分数：

1，1/2，2/3，3/5，5/8，8/13，13/21，21/34，34/55，55/89，89/144，…

从第三个分数开始，分子是前一个分数的分母，分母是前一个分数的分子、分母之和。

当换算成小数时，对应的是：

1，0.500 0，0.666 7，0.600 0，0.625 0，0.615 4，0.619 0，0.617 6，0.618 1，0.618 0，…

一直写下去，你会发现你写的小数越来越接近 0.618。

数学家法布兰斯发现 0.618 是个非常奇妙的、神秘的数字，也是非常有意义、有价值的数字。之所以神秘是源于一个传说，法布兰斯观察金字塔时产生的灵感：从任何一个方位观察都可以看到金字塔的 3 个面，金字塔有 8 条边、13 层，高度和底面积的比值是 0.618。用现代人的说法，是法布兰斯痴迷数学的结果。若不痴迷，那还不就是一组数字。

奇妙的是相邻两个数字，用前一个除以后一个的商，无限接近于 0.618。

$1-0.618=0.382$

$0.618/0.382=1.6178$，约等于 1.618。

1.618 是 0.618 的倒数。

经济界人士将 0.618、1.618 这组数字称为"黄金分割率（Golden Section）"。玩股票的朋友们对这个黄金分割率崇拜极了，许多人都是在依照这个规律追股市。

简而言之，在所有生产领域，"优选法"就是用数学的方法，优化、选择出最简便、经济、实用的试验方法。掌握了这种方法，可以减少试验次数，节约大量的时间，当然，也节约资金。这是"优选法"应用范围迅速扩大，并且长盛不衰的根本原因。

如果将优选法应用于生态养鹅，同样能够达到减少试验次数、节约时间、减少人力、节省资金的目的。例如，在生态养鹅中，饲料中豆粕的添加量，不使用优选法时，就得一个一个添加量去做饲喂试验，不仅需要大量的人力物力，耗费时间也很长。若使用了优选法，就简单多了。

鹅的日粮中需要足够量的蛋白质营养，才能够保证健康生长，快速生长。配制饲料时，若选择大豆粕作为蛋白质原料，添加量25%时粪便发黏、恶臭，说明是不能更多的上限；若8%是生长速度放慢，不可更低。

设计实验方案时可以选择25×0.618=15.45和8×1.618=12.94两个含量开展试喂，看哪个添加量生长速度快。当试验后知道15.45%添加量的生长速度高于12.94%，就放弃8～12.94区间的添加量不再试验，只考虑12.94%～25%的添加量。当然，若两个添加量的生长速度差别不大，但是15.45%的添加量依然出现粪便发黏、恶臭现象，就抛弃15.45%～25%的添加量不再试验。

当两个添加量的生长速度差别不大，也无粪便发黏、恶臭现象时，可在两个添加量之间取中间数作为最终选择。即：

（15.45+12.94）÷2=14.195 ≈ 14

总共做了15.45%和12.94%两次试验，就寻找到了最佳的大豆粕添加量。同从9%～24%逐一添加的16次试验相比，减少了14次。

同样道理，若认为选择单一的大豆粕成本高，想利用鹅能够消化部分粗纤维的特性，使用部分脱毒棉籽粕或葵花籽粕时，添加量的确定，一样可以使用优选法来减少试验次数，提高试验效率。

养鹅场（户）之间存在具体的地理位置、地貌特征，鹅舍建筑布局、结构，饲料来源、配比，品种品系的差异，存在管理水平的差异。管理中简单照搬别人的指标数据，往往达不到理想效果。所以，只能是参考，必须通过在本场内的试验，寻找、总结适应本场具体情况的指标数据。一个管理严格的鹅场，事实上是在持续不断地探索、寻找各项具体管理措施的最佳数据指标，从而实现生产效率的持续提高，稳步提高。

掌握了这个方法，在养鹅生产中，可以尝试运用于不同月份、不同气温条件下育雏室开温的具体温度，育雏时间长短，脱温日龄，也可运用于育雏料的选择、不同阶段饲料饲喂时间长短的选择、最佳出栏体重的设定，甚至不同阶段鹅组群的最佳数量、补料次数等。

第四章　肉仔鹅饲养管理

2018 年 8 月 3 日，我国暴发非洲猪瘟疫情，之后许多养猪户先后转产饲养水禽，鸭、鹅饲养业呈现快速增长趋势，其中，以肉仔鹅规模饲养最为突出，成为畜牧业生产中的一个新亮点。为了提高肉仔鹅饲养业的生产效益，本章围绕生态养殖，充分发挥和利用鹅的生物学、行为学特性展开讨论，总结、归纳出了肉仔鹅饲养管理的 14 个技术要点，分析日常管理中最常见五大异常表现的可能原因，提出了对应的处置建议，并介绍了肉仔鹅饲养中多发的五大疫病的辨识、预防控制措施，供肉仔鹅场（户）参考。

第一节　肉仔鹅饲养管理技术要点

肉仔鹅饲养场（户）运回到场内的雏鹅，可能是刚刚出壳的 3 日龄内的幼雏，也可能是已经在育雏室内培育 1 ~ 3 周的雏鹅。各个养鹅场（户）育雏条件、管理水平高低不一，但是获得尽可能高的育成率，是所有肉仔鹅饲养场（户）的目标。这就要求养殖者从各自的实际情况出发，创造条件，尽最大努力满足雏鹅生长发育需求。本节介绍饲养肉仔鹅的基本要求和技术要点，为肉仔鹅饲养场（户）提供基本参考。

一、把握适当规模，在发展中壮大

尽管肉仔鹅饲养相对简单，对场地、技术、资金、设备要求不高，但对于大多数农户，尤其是北方地区由养猪转产而来的饲养户而言，仍然有一个行业熟悉、技术熟练的过程。规模太小，会因为单只鹅的收益有限，整个饲养周期下来，经济效益微小；规模过大，则出现顾及不暇，造成疫病频发、育成率低下的情况，经济效益同样不理想。推荐的肉仔鹅饲养规模如下。

1. 新户　不论是白手起家的肉仔鹅饲养户，或是养猪户转产而来的肉仔鹅饲养户，当年宜饲养1批，进雏鹅300～500只为宜。

2. 老户　养过一年的老养鹅户，可以每年饲养2～3批，每批次饲养肉仔鹅1 500～2 500只为宜。

3. 专业场户　曾经饲养肉仔鹅的专业户，在更换品种以后，应遵循"352"模式饲养。即第一批300～500只，摸索熟悉新品种的特性；第二批500～600只，熟悉市场，把握市场规律；第三批及其以后，每批至少进雏鹅2 000只，以追求规模效益。

那些曾经的养鹅（蛋鹅、肉鹅）场转入肉仔鹅饲养时，同样有一个认识新品种、熟悉饲养技术的过程，同样要和市场对接。也需要有"试养、熟悉、上规模"的过程。推荐的批次为每年3批。存栏量因鹅舍面积而定，第一批建议进雏鹅3 000只，第二批不宜超过20 000只，三批以后也不要超过10万只。毕竟鹅的繁殖季节性特征明显，一次进雏鹅过多，不仅导致局部市场饱和，也会因需求量大而推升雏鹅市场销售价。

二、恰当地段建场，减轻管理压力

选择恰当的肉仔鹅饲养场址，对于疫病防控、日常饲养管理，以及建场后的经营管理，都有积极的意义。

《中华人民共和国畜牧法》第三十九条规定，建立畜禽养殖场、养殖小区应具备以下条件：①有与其饲养规模相适应的生产场所和配套的生产设施。②有为其服务的畜牧兽医技术人员。③具备法律、行政法规和国务院畜牧兽医行政主管部门规定的防疫条件。④有对畜禽粪便、废水和其他固体废弃物进行综合利用的沼气池等设施或者其他无害化处理设施。⑤具备法律、行政法规规定的其他条件。此外，养殖场、养殖小区兴办者应当将养殖场、养殖小区的名称、养殖地址、畜禽品种和养殖规模，向养殖场、养殖小区所在地县级人民政府畜牧兽医行政主管部门备案（无畜牧兽医行政主管部门的地方，可找农业农村局、农林牧业局备案），取得畜禽标识及企业代码。

依据我国《动物防疫条件审查办法》规定：动物饲养场、养殖小区选址距离城镇居民区、文化教育科研等人口集中区域 500m 以上，公路、铁路等主要交通干线 500m 以上；距离生活饮用水源地、动物屠宰加工场所、动物和动物产品集贸市场 500m 以上；距离种畜禽场 1 000m 以上；距离动物诊疗场所不小于 200m；与其他动物饲养场（养殖小区）间隔不少于 500m。距离动物隔离场所、无害化处理场所直接污染源 3 000m 以上。

前述要求是国家法规，若不满足，就无法获得饲养许可。

依据国家法规选定了大体位置之后，在具体的地段选择时，还应注意以下事项。①注意除了距离高速公路、高等级公路、国道、省道和铁路等主要交通干线 500m 之外，距离县道和乡村道路也应留有 200m 以上的距离，以保证鹅群生活在安静环境之中，同时也避免过往运送动物车辆的污染，以及公路扩展导致的拆迁。②距离高压输电线路边线与地面垂线 20m 以上。既保证维修高压线路时场内正常生产，也减轻高压电运行时电磁辐射对鹅群的不良影响。③鹅场选址时还应注意避开风景区、水源地、输水干线，远离军事用地、飞机场和大江大河。④山区肉仔鹅饲养场应居于养殖场废水处理厂的上方，平原地区应居于上风处。⑤大山的山麓地带和山前台地或丘陵区，是建设肉仔鹅饲养场的理想区域。但在确定位置时应注意，预定场址应处于南坡山坳的相对平缓、基质坚实地段，以沙壤土地段为最好。⑥附近有清洁充足的饮用水水源。

三、选准进雏时机，争取最佳收益

养鹅过程中，进雏时机恰当与否，常常是养鹅收益高低，甚至成为是否有收益的决定因素。因为养鹅同养其他家畜最大的差别，就在于生产的季节性，供给的淡旺季明显。尽可能在供给淡季上市，无疑是提高养鹅收益的最佳选择。其次，育成率的高低，是制约养鹅收益的关键因素。而育成率的高低，与环境温度密切相关。所以，散养农户、新进入养鹅行业的饲养场（户），大多选择晚春育雏。晚春育雏虽然育成率高些，但出栏则赶到了供给旺季，上市时恰逢肉仔鹅价格低谷，辛辛苦苦提升的育成率收益会被抵消。所以，有经验的肉仔鹅饲养场（户），非常重视进雏时机的选择。当然，敢于在早春进雏的肉仔鹅饲养场（户），不仅有面积充足的育雏舍，还有娴熟的温度调控和日常饲养管理技术。

通常，首次介入肉仔鹅饲养的农户，熟悉鹅苗、饲料、兽药、疫苗供应商，了解市场、掌握行情，积累基本的日常饲养管理经验，同相关专家和营销人员建立联系，应当是首要任务，利润的高低是次要目标，原则上要把握"不赔本就是成功"。进雏可放在5月。

每年出栏两批的老养鹅户，应把握"一早一晚"。"一早"即在3月10日前（农历正月底、二月初）进雏，肉仔鹅赶在麦收前（农历四月下旬至五月上旬）上市。"一晚"即在6月底至7月上旬进雏，若下旬有雏鹅更好。原则是愈晚愈好，目的是赶在冬季上市。愈晚，饲养期越短，成本越低。但是要注意当年的节气，因为夏至以后，很少有作坊再上鹅蛋，预定计划极易落空。

四、温度湿度巧掌握，力争育雏好成绩

不同的育雏规模和方式，有不同的温度与湿度要求。

地面平养的育雏模式，300 ~ 5 000 只的雏鹅群，应以 33 ~ 34.8℃ 的温度"开温"，早春育雏的每日降低 0.5 ~ 1℃，仲春育雏的每日降低 1 ~ 2℃，伴以 65% ~ 75% 的相对湿度。

若采用育雏床，黄河两岸及以北地区"开温"应为 32 ~ 33.5℃（淮河以南地区 29.8 ~ 31.2℃），早春育雏日降 0.5 ~ 1℃，仲春育雏日降低 1 ~ 2℃，相对湿度以 65% 左右为宜。

由于地域和具体地理环境、不同年度年积温的原因，各个鹅场小环境的温度及其升降变化各不相同。所以，"看鹅施温"是育雏和肉仔鹅饲养控制温度的真谛。温度适宜时，雏鹅群自由走动，精神活泼，分散睡眠；温度高时，雏鹅频频饮水，扇翅，向窗口、门口或育雏床边缘靠拢，睡眠时展翅而卧，伸颈贴地；低温时雏鹅频频尖叫，精神萎靡，扎堆而卧，常集中于供热管道等热源周围。

散养农户每批次 20 ~ 30 只的，可采用每天 12 ~ 17 时在背风朝阳地运动，早晚装纸箱（别忘记扎透气孔）或竹篓加盖棉衣、棉被，阴雨天适当加温的方式育雏。

五、通风换气

早春育雏，尤其是大风、阴雨天，养鹅户为保持舍内温度，常采用关闭门窗，加挂草苫、棉门帘，舍内增加火炉，甚至在室内加装塑料膜等措施。这些措施在减缓散热、保持舍温的同时，伴生了通风不良。解决的办法有如下几种：一是建造附有舍外加

温、室外排烟功能的地下火道的专用育雏舍。这种专用舍的优点在于燃料燃烧时不消耗舍内氧气，不向舍内排烟，燃烧时产生的 CO_2 和 CO 均排于舍外。二是舍内安装加热炉。使用加热炉时，一定要有密封良好的排烟管道，使燃烧废气从管道内排出舍外。三是在育雏舍内加装蛇皮布或塑料膜。使用塑料膜时要变单幅为多幅，变粘接为压接（即留出适当缝隙）。四是每隔 3~4 小时打开门窗通风换气 1 次，视气温高低掌握通风时间，一般在 5~15 分。

为了掌握舍内空气质量，可视育雏舍面积大小在舍内放置多少不等的水盆。盆内养 3~5 尾 2~3 寸（1 寸 =3.33cm）的"小白条"鱼，作为舍内空气指示动物。当"小白条"烦躁不安、狂游不止、频频跳跃时，说明舍内 CO_2 和 CO 浓度过高，应立即打开门窗通风换气，并更换盆水。

六、合适的育雏密度

地面平养育雏时，3 周龄即可脱温。

育雏密度：1 周龄内 12~14 只 $/m^2$，2 周龄内 10~12 只 $/m^2$，3 周龄内 8~10 只 $/m^2$。

密度过小，除了浪费育雏舍面积外，常导致惊群狂奔；密度过大，则采食、饮水、睡眠区难以分离，常导致雏鹅踩踏水盘，挤倒料桶料槽，既浪费饲料，又使垫料潮湿。

七、垫料要干燥

为了保持育雏舍垫料干燥，除了保持合适的密度之外，还应注意圈舍的形态，育雏床面上各个鹅群均应处于长方形的生活区，便于鹅群识别位置，自动形成饮水、采食、睡眠、运动等生活区。此外，还应注意将水盘或水桶放置在运动场的一角或一侧，该区域内的垫料应勤添勤换。

八、均匀的光照

不论是 3 日前的不间断连续光照，还是 3 日后的补充光照，光照均匀是第一要求。3 日后的肉仔鹅光照控制在 14～16 小时。春季白昼逐渐加长，一般在 2～14 小时，夜间补充 2～4 小时即可。

光照强度可按每 10m² 安装一盏 40W 白炽灯掌握，灯泡距离育雏床 1.5～2m。若安装的灯泡功率高，应通过升高灯泡或加装灯罩减弱光照强度。

舍内各区光照均匀非常重要，否则，会因趋光性导致雏鹅在靠近光源一侧的栏边集堆。建议尽可能采用小功率灯泡多点布置。育雏群单列排布时灯泡单列排布，双列排布时灯泡也应双列排布，确保灯泡位于育雏床中段上方。使用大功率白炽灯泡时，两排灯泡应相互错对排布（相邻的三只灯泡呈正三角形）；中间吊大功率白炽灯泡时，四角应有小功率灯泡补充光照。

九、科学饮水

尽可能早地"开水"，有利于提高肉仔鹅的育成率。因为孵化室惧怕鹅苗销售时外观不佳，出壳后不会给雏鹅饮水，到达肉仔鹅饲养场（户）的雏鹅，多数处于极度缺水状态。这也是散养农户购买游村叫卖鹅苗育成率低下的重要原因。

规模饲养场大多数选择塑料水盘、水壶、金属水槽或自动饮水器，小规模饲养农户可使用凹陷的菜盘子上面倒扣一个瓷碗（或罐头瓶）代替，亦可选择一次性输液管及塑料桶组装简易自动饮水器。

为了提高肉仔鹅的生长速度，周龄内雏鹅宜采用"凉开水"，内加多种水溶性维生素,也可直接到市场购买家禽饮水用维生素,或"速补""电解多维"等系列产品。有的农户试验添加 5% 的白糖的做法值得商榷,弱小、病雏可用,健壮雏鹅最好改用水溶性维生素,因为添加白糖不利于卵黄的正常吸收,也不利于提高采食量。食盐的添加量应控制在 0.2% ~ 0.3%,农户可用舌尖舔试,有微咸感觉即可。若掌握不准,应直接到药店购买生理盐水稀释扩大(500mL 生理盐水加入凉开水 1 000 ~ 1 500mL),以免食盐中毒。

训练"开水"时,饲养员挑选健壮活泼的雏鹅,在饮水器中多次浸其喙端,每次 1 ~ 2 秒,待雏鹅咂嘴吞咽后放置于饮水器周围,该个体即知道饮水,其他个体会很快模仿,3 ~ 4 小时后全群学会饮水。若欲缩短全群学习饮水时间,可多浸几只,个别弱小个体抢不到水时,应从鹅群外围将其抓置于水盘周围,并把围水盘不走的强壮个体抓置于外周。周龄后雏鹅可改饮清洁凉水,多种维生素可每隔 2 ~ 3 天添加 1 次。配合饲料中已有食盐,可以不加。

学会饮水后应执行自由饮水的给水方式,饲养员要勤检查,及时续水。至少每隔 2 ~ 3 天洗刷 1 次饮水器(或水桶,或水槽、水盘)。即使在没有加温的育雏舍内,洗刷饮水器的间隔也不得超过 1 周。

十、掌握正确的"开食"及饲喂方法

雏鹅出孵后第 2 天即可"开食"。通常,肉仔鹅饲养场(户)购回的雏鹅,因购买、运输的原因,大多数已经超过 2 天,所以应在学会饮水之后立即"开食"。"开食"时,只要光线能够让雏鹅看到饲料即可进行训练。方法是饲养员将蒸至半熟但不发黏的米粒(最好是小米),或颗粒饲料均匀撒于采食区的塑料编织袋（或塑料膜）上，经 2 ~ 3 小时后，70% ~ 80% 的个体学会叼啄后更换为料槽或料盘、料桶。运用米粒"开食"的雏鹅群，一是要在 3 天后改为肉仔鹅专用的颗粒饲料，以防营养单一导致体质衰弱；二是适当升高料盘或料桶的高度，训练由叼啄改为铲食。5 ~ 7 日龄后，注意加大料盘、料桶与饮水器（或水桶、水槽的）的距离，以免强壮个体一直围绕料盘抢食而弱小个体采食不足。

除了弱小个体组成的特护群外，10 日龄应改自由采食为定时定点给料。10 ~ 20 日龄每日给料 4 次。20 ~ 30 日龄每日给料 2 次，给料间隔时段可给以青绿饲料。计划饲养 80 ~ 90 天出栏的 30 ~ 60 日龄肉仔鹅可继续实行每日 2 次给料、1 次给青绿饲料的投料方式；饲养期长的肉仔鹅，应视草场优劣（产草量高低和牧草品质优劣），决定每日补饲 1 次或不补。60 日龄后进入育肥期的肉仔鹅，可早、晚各补饲 1 次精饲料。产蛋期的种鹅，应视草场质量和产草量高低，每日补饲精料 1 ~ 2 次。

十一、及时"开青"

"开青"可在出孵后第 3 天进行。饲养员可用"入舍即开水，水后开食"，隔一两天"开青"来记忆。训练时选择干净、适口性好、易消化的蔬菜（菠菜、白菜叶、笋叶等）、嫩草，切碎后均匀撒布于育雏床上，经过 2 ~ 3 小时，70% ~ 80% 的个体可学会采食青绿饲料。学会采食青绿饲料的雏鹅不再害怕饲养员进入和投料、投青动作，并且会兴奋地争抢鸣叫，此时，应结合口令训练，用统一简单的"呼唤、开食、运动、行走、驱赶"口令，降低鹅群管理难度和劳动量。对于刚刚学会采食青绿饲料的雏鹅群，青绿饲料宜少不宜多。

3 ~ 7 天内，每天投喂 1 次即可，1 周后改为 2 次 / 天，并逐

渐改用优良饲草。

一是蔬菜或青草，均应注意均匀投放，以保证弱势个体的充分采食；二是不可切得过碎，长 3 ~ 4cm，宽 2 ~ 3cm，即拇指大小就行；三是随着日龄的增长，要逐渐加大青绿饲料的投喂量。超过 10 日龄的鹅群，鲜嫩饲草可以不再切碎。争抢大片菜叶和饲草的拉扯，有利于加大运动量，可促进雏鹅的生长发育。

特别提醒，即使有人工草地，其生产的黑麦草、苜蓿或聚合草、串叶松香草等，7 日龄以前均不宜投喂。

十二、游泳及其控制

成年鹅在水中游泳、嬉戏、交配及采食青绿饲料，水温高低对其生命不构成威胁。除了暴雨季节河渠内水量陡涨、水流湍急担心丢失，不需控制游泳时间。

肉仔鹅的游泳则需要训练并加以控制。20 日龄开始训练游水，在全群或 70% ~ 80% 个体处于"小泛白"时进行。

第一次下水训练应选择晴天的 10 ~ 15 时，雏鹅群采食后，将其诱导到河渠边；因惧怕初次"下水"的雏鹅，会呈"一"字形列队于河渠边观察，3 ~ 5 分后，胆大个体会尝试到河渠边饮水，大约 15 分后，饮水个体会在浅水区尝试蹚水，大群拥挤状态消失；30 分后，数只进入浅水区个体尝试洗头、玩水，50% ~ 60% 个体试探进入浅水区饮水。为了避免受凉，当 50% 以上个体入水后 20 ~ 30 分，不论其他雏鹅是否入水，均应发口令收鹅上岸。

第二次下水较第一次容易。在浅水区活动 10 分左右，可见胆大个体向深水区试探。当双脚踩不到河底时迅速返回浅水区，如此反复多次，陆续有第二只、第三只，渐渐更多个体到深水区试探；某一个体发现深水区不至于淹没而消除恐惧，敢于自由游泳后，会兴奋地在大群中不停穿梭游动。当有 10 ~ 20 只雏鹅学会在深水区游泳后，即有大胆个体开始下潜试探水深；鹅群呈现 3 ~ 5 只潜水，10 ~ 20 只游泳，70% ~ 80% 站立在浅水区饮水、观看，20% ~ 30% 胆小雏鹅在岸边走动的景象。饲养员应在大多数雏鹅入水（不论深水区、浅水区）30 分后收鹅上岸。

第三或第四次下水时，当 70% ~ 80% 雏鹅进入浅水区后，饲养员应驱赶岸边雏鹅下水，并控制其不得上岸，在水中活动 30 分左右再让其上岸。5 ~ 6 天后，鹅群学会游水后，应掌握全群入水 20 分左右收鹅上岸。给料对雏鹅群的诱惑力巨大，投料作业可有效减轻收鹅难度。

5 ~ 6 周龄后，每次补饲精料或放牧归来，鹅群会自动下河池中饮水、洗澡、游泳。当水面有水生植物时，采食不足鹅群会自动在水中采食。此时，应根据气温和天气情况掌握下水时间，原则上鹅龄越大，下水时间越长。晴好天气，可以延长下水时间。

十三、放牧

雏鹅可于 20 日龄后开始放牧。

不论放牧的鹅群多大，第一次出牧时都要有人在前边引领，后面驱赶人员应持一长约 2.5m、远端系白色或黄色布条的竹竿或细木棍，以便于控制鹅群。

前面引领者要边走边发出引领口令，后面驱赶着发出驱赶口令。若为 100 只左右的小群，经 3 ~ 5 次出牧后即可一人放牧，不需引领；若为 200 ~ 300 只的大群，则仍以两人为佳（至少出牧时要有人引领）。

初次放牧时，应选择鲜嫩茂盛草场，行走距离从初次的 100m 开始，每日增加 50 ~ 100m，至 30 日龄时掌握在 500m 左右，40 ~

50日龄鹅的出牧距离控制在700~800m，60日龄以上鹅群可到1 000m以上的较远草场放牧。

雏鹅群初始训练放牧每日1次为佳，正常放牧每日上、下午各1次。早春和冬季出牧、训练放牧，均以11时出牧为好；每日两次放牧，以9时、14时出牧为佳。夏秋季每日一次放牧，以7~8时出发为佳；每日两次放牧，应在5时和16时出牧。放牧鹅群第二次采食高峰过后，群中有20%~30%个体开始卧地休息时，即应收牧。

不同日龄鹅群有不同的放牧时间。雏鹅群应控制在0.5~1.5小时，随鹅龄的增长逐渐延长，成年鹅的每次出牧时间，应控制在2~4小时。

麦茬地和稻、谷茬地放牧，鹅群采食收割时丢弃的麦、稻，有利于催肥，是农牧结合的好方法。但应选择空气潮湿的雨后或晴天早晨，以免硬茬伤脚。

十四、补饲和育肥

补饲应视不同鹅群区别对待。

20~30日龄的放牧训练期鹅群，每日放牧后和夜间各补饲1次；30~60日龄鹅群，视草场牧草优劣，每日补饲1次或不补饲；60~90日龄催肥期鹅群，两次放牧间和夜晚各补饲1次；产蛋鹅和种鹅应同育肥鹅一样补饲。补饲精料可以到市场购买，也可以自己配制。当地市场购买不到也无法配制时，育肥期肉仔鹅可以使用肉鸡料替代，但应注意补充钙制剂和维生素。

不生产肥鹅肝的育肥相对简单，只是在放牧的情况下补充高能朊比精料，增加膘情、提高产肉率即可。养鹅场（户）可根据饲养品种和市场行情自行决定育肥时机和育肥期。通常，宛西白鹅系列、豁眼鹅分别在 60 日龄、70 日龄开始育肥，育肥期 15 天即可达到理想体重和膘情。

十五、观察和疫病防治

同饲养其他家禽一样，疫病防治成败取决于日常饲养管理，预防是关键。肉仔鹅疫病预防主要由三方面构成：一是严格执行消毒制度，二是按照免疫程序接种疫苗，三是搞好日常饲养管理。

肉仔鹅饲养场的消毒，是防止外部疫病传入的基本手段。包括进雏前对饲养场场地、器械的消毒，进雏入场卸车时对雏鹅的喷雾消毒，以及饲养中的定期消毒和发生疫病时的紧急消毒。入舍前的圈舍（育雏室和育肥舍）消毒要彻底，最好的办法是火焰消毒、熏蒸消毒后，再用非腐蚀性消毒剂，喷雾消毒育雏舍和器械；圈舍（1.5%）、厂区门口和走道、粪场（3%）的消毒，应使用不同浓度的氢氧化钠溶液，以免伤及鹅脚。雏鹅入场卸车一是要选择非腐蚀性消毒剂，二是水温要适当（以 35℃ 左右为佳）。不论是育雏室还是育肥舍，带鹅消毒均以不接触的熏蒸消毒为好，选择熏蒸药品时应注意无刺激性气味。

市场供应的消毒剂种类繁多，购买时应提前计划好购买的种类和数量，以及同种类型的替代品，同时应注意选择知名企业的品牌产品。使用中应严格执行说明书规定的方法和剂量，非经兽医同意，不得加大或降低浓度。

种鹅在产蛋前 1 个月，必须注射小鹅瘟鹅胚弱毒疫苗，产蛋 3 个月后加强注射 1 次，以保证雏鹅有足够的母源抗体。保险起见，肉仔鹅饲养场（户）可给 3 日龄内的雏鹅皮下注射小鹅瘟高免血清 1 ~ 2mL。

给料、给水、给光、放牧、清粪、刷洗和消毒器械，是日常管理的基本内容,更重要的是依据鹅的行为学特征、生物学习性等,对鹅群的日常观察,及时捕捉异常现象,辨识病态个体,防病于未然,灭病于青萍之末。

第二节 肉仔鹅日常管理中五大异常表现及处置

近年,肉仔鹅饲养发展很快,但鹅的行为学特性等基础理论研究相对滞后,影响着饲养管理技术水平的提高。有鉴于此,本节介绍肉仔鹅饲养管理中常见的五种异常现象及可能的原因、处置措施。

一、扎堆

扎堆是育雏中发生概率最高的异常现象。扎堆原因:一是雏鹅对严重低温反应(低于需要温度 4 ~ 6℃ 0.5 ~ 1.0 小时,或 6℃以上 10 分)和黑暗反应,以及光照不均的自然反应。低温时雏鹅先尖叫,寻找温暖处,当寻找不到时,即扎堆取暖。此种扎堆位于供热管道等热源附近。二是光线不足的黑暗环境也可发生扎堆。三是光照不均匀也会扎堆。此种扎堆的明显特征,是在育雏床隔离栏近光源处堆挤。

若低温和光照不足或布光不均匀的任何一项形成组合,则扎堆就变成了堆挤,压死多少雏鹅,就看雏鹅群的大小和扎堆时间的长短。

处置措施:面对低温扎堆,根据日龄对温度的需求,应及时提升育雏舍温度。遇到光线不足的扎堆,应迅速更换亮度更高的灯泡(或灯管)。遇到光照不均匀的扎堆时,在光照不足处增加照明即可,但要注意增加后的光照强度。恰当的做法是降低原光源的亮度,使其同新增光源形成均匀的布光效果。

二、狂躁

鹅群拒绝采食或很少采食，20%以上的雏鹅持续尖叫、走动，很少有卧地休息。引起雏鹅群狂躁不安的因素很多，如饮水不足、惊吓、饲料中食盐含量过高、光照强度高等。饮水不足的狂躁从发育较快的健壮雏鹅开始，饲养员进入后有短暂安静。惊吓引起的躁动不安常常表现为局部性。即狂躁不安仅仅局限于某一栏，或其一角，或相邻栏。食盐含量超标所致狂躁不安的典型特征，是全群性（全圈舍性）明显，持续性很强，且狂躁程度有从弱到强的表现。光照强度高引起的狂躁虽然也有全群性、持续性表现，但是其狂躁程度则是从强到弱。后两种因素导致的狂躁鹅群，3～5天后均可见啄羽个体。

处置措施：饮水不足的狂躁多发于定时定点饲喂鹅群，多数同饮水器数量不足有关，及时增加饮水器即可解除。惊吓引起的狂躁多发于地面平养育雏群，常常同圈舍封闭不严有关，导致蛇、猫、鼠、刺猬等小动物的进入，驱赶后必需巡查封堵漏洞。日粮的食盐含量过高和光照过于强烈时，调整日粮和光源即可解决。此外，排除噪声、异常气味源，拴好看护犬，控制家猫活动范围，都可有效减少应激躁动。

三、啄羽

雏鹅啄羽包括生物性嗦羽、梳羽和病态啄羽。饲养管理中应加以区别。

1. 生物性嗦羽是禽类的正常行为 同一只母鹅所生鹅蛋孵化出的雏鹅，具有相互认识的本能，不需要相互啄羽就能够互相认识并产生记忆。当不同母鹅的后代组群时，5日龄以上雏鹅间的相互认识，需要通过体味、形象、行为完成，最简单的认知，则是相互之间叼啄对方的尾巴，通过对方尾脂腺分泌物的特殊气味加以区别。

2. 梳羽　鹅是喜欢干净的家禽，梳理羽毛，既是清理体表异物，也是用唾液润滑羽毛。游泳或经雨淋后，梳羽行为非常普遍。

3. 病态啄羽较为少见　一是当育雏舍温度过高、光照过强、日粮的食盐含量过高时，血液循环加快，皮肤发痒，部分雏鹅会出现啄羽行为，严格讲应该是瘙痒。二是日粮蛋白含量不足时，部分雏鹅通过啄食地面残毛补充蛋白，纠正不及时，就会发展成叼啄其他雏鹅的恶癖。三是患有体表体内寄生虫的雏鹅，会发生叼啄其他雏鹅羽毛的恶习，实质是狂躁的一种表现。

处置措施：病态的啄羽需要及时纠正，要找准原因，循因而处。

（1）对于高温引起的啄羽，降低育雏舍温度是首选措施，也可通过调整合适的温度、湿度组合予以解决，或提高通风速率。

（2）光照过于强烈引起的啄羽，更换较低亮度的灯泡，是最为简单有效的办法。

（3）日粮盐分过高的啄羽，需要通过暂停有盐分饲料、饮用大剂量电解多维饮水 1～2 天后，更换盐分含量低的日粮的办法予以解决。

（4）当发现有雏鹅捡食地面残次羽毛时，立即清理落地羽毛，调高日粮蛋白比例（或更换易吸收的蛋白原料），以避免啄羽的发生。

（5）确定寄生虫型的啄羽，应在投喂驱虫药的同时，增加"沙浴"设施，为发育中的雏鹅提供"沙浴"条件。注意，及时挑出那些主动叼啄其他雏鹅的"害群之鹅"单独饲养，有利于群体的恢复，也有利于减少"啄羽恶癖"病例。

四、拉稀

拉稀有正常的生理反应和病理性拉稀之分。当饮水中电解多维含量过高、青绿饲料占日量比例过高、投喂药物、寒冷刺激，均可导致雏鹅出现排稀便现象。同病理性拉稀的区别，在于雏鹅的精神状态和采食行为无异常。病理性拉稀不仅粪便的形态、颜色、气味异常，雏鹅的精神萎靡，采食量下降或拒绝采食行为也非常明显。常见的病理性拉稀有糊肛门、拉白色粥样稀便、拉灰色稀便、拉绿色稀便、拉红色稀便等。

处置措施：辨明拉稀的原因，采取针对性措施，是处置拉稀的基本原则。生理性拉稀去除原因后即可自行痊愈，也可选择老柿树皮或柿饼蒂 50g，加水熬制至 300mL 后，按 1∶5 稀释后饮水。病理性拉稀应首先挑出病雏，在隔离圈舍内治疗，并立即喷雾消毒受污染圈舍，喷雾或浸泡处理被污染器械。现场处理和用药原则如下。

（1）肛门被黏性物糊着，拉白色黏性稀便的雏鹅，多数出现于门窗口圈舍的，应在封闭门窗的同时提高圈舍温度，结合饲喂抗生素予以控制。

（2）拉灰绿色粥样稀便或水样稀便，并伴有流泪、眼睑肿胀，或群内其他个体有流泪、眼睑肿胀表现时，应考虑禽副伤寒病，治疗可用林可胺类药品。

（3）遇到 20 日龄前拉黄绿色带泡沫稀便，且喙、脚蹼颜色深暗的，应考虑小鹅瘟，全群紧急肌内注射小鹅瘟抗体血清，是控制疫情、降低损失的最佳办法。

（4）拉深绿色或灰白色腥臭稀便，偶见稀便有血丝，且有张口呼吸、口流黏液，甩头症状（常见于一个个体的单一或多种症状，或多个个体凑齐的症状）时，应考虑霍乱，皮下或肌内注射霍乱高免血清，是控制本病的基本办法。尝试的药物治疗方案很多，首选庆大霉素与左旋氧氟沙星结合的用药方案。中药治疗常用"四黄八味散"（黄连须、黄芩、黄柏、黄药子、二花、栀子、柴胡、防风、大青叶、雄黄、明矾、甘草），或黄连解毒汤（黄连、黄芩、黄柏、栀子、板蓝根、穿心莲、山楂、神曲、大麦芽和甘草）。

（5）雏鹅。20日龄后拉红色黏性稀便及形态正常的红色粪便时，应考虑球虫病。选用抗球虫药物处置，即可获得理想效果（中药可选用三子散，也有人推荐使用新鲜马齿苋叶2~3天的办法）。

五、无征兆死亡

多数疫病的雏鹅死亡前是有症状的，无征兆死亡的疫病很少。换言之，多数死亡病例不是无征兆，而是饲养员不认识或未发现征兆。

早晨检查时发现雏鹅死于圈舍，甚或已经僵硬（不包括有明显起堆压死痕迹的病例），或在白天的采食、饮水、运动中，正常雏鹅突然倒地，仰面朝天，蹬弹几下双腿后逐渐死亡，此种现象多数同小鹅瘟疫情有关。

处置措施：立即清理病死雏鹅，在消毒圈舍的同时，请兽医剖检病死雏鹅。肌内注射小鹅瘟抗体血清，是治疗小鹅瘟的有效措施。确诊后立即注射。需要注意的是，注射时应一鹅一针头。

第三节　肉仔鹅六种常见疫病的预防控制

我国肉仔鹅饲养期有60余天、85天和120天三大类。60余天出栏的称为"绒毛仔"，85天出栏的称为"血管毛"，而考虑拔毛利用的则必须饲养120天以上。总体看来，不管哪一类，生长期短是其共同特征。

同其他家禽相比，鹅的传染病相对较少，生长期短的肉仔鹅的传染病更少。但是，传染病仍然是其大敌。传染病防控水平的高低，是育成率高低的决定因素，也是成败的关键。本节从肉仔鹅饲养实际出发，简要介绍常见的六种传染病防控技术，供业内同仁参考。

一、小鹅瘟的防控

"养鹅不防小鹅瘟，让你赔得头发昏"，这句流行的农谚，把防控小鹅瘟的重要性讲的透彻极了。小鹅瘟是由细小病毒引起的雏鹅和番鸭的急性、亚急性败血性疫病，是肉仔鹅的头号大敌，20 日龄内正常活动的雏鹅突然倒地，翻身朝天，蹬几下腿就死亡，农民称之为"翻肚"。有可能一昼夜死亡几十至上百只，也可能数天内全部死光，让饲养者欲哭无泪。见诸文献资料的病死率是40%～90%，足见其危害之严重。

预防小鹅瘟的最佳办法，是做好种鹅的免疫。从青年期开始，种鹅群不分公母，每 3～4 个月（饲养种鹅数年的种鹅场，可适当缩短间隔期）就要加强免疫一次。

种鹅群没有接种小鹅瘟疫苗的雏鹅，要通过注射"小鹅瘟抗体"予以保护。方法是在出壳 3 日内颈部皮下注射。雏鹅注射小鹅瘟抗体越早越好，一是效果好，二是节省药品。1 日龄 1mL/ 羽，2 日龄 1.5mL/ 羽，≥ 3 日龄 2mL/ 羽。收购种蛋孵化的鹅苗，按种鹅没有接种疫苗处理（详参本书第六章附件 6-1）。

二、副黏病毒

本病是由 I 型副黏病毒引起的鸭、鹅急性、高度接触性疫病。

部分鹅群 20 日龄后的仔鹅，即可受副黏病毒的危害。病鹅仔羽毛蓬松，缩脖闭眼，口鼻流黏性分泌物，拉黄、绿、白色稀便；也可见消瘦，双腿或单腿无力，转圈、偏瘫等症状。该病的最大日龄可达 300 日龄。剖检可见腺胃和肌胃的交接处有乳头状出血点或出血斑，也可见鹅黄颜色加重，呈褐色或黑色。病死鹅剖检可见气管环状出血，肺脏出血或淤血，食管黏膜有芝麻粒大小的白色或黄色易剥离斑点。病死的青年鹅及成年鹅可见十二指肠、空肠、回肠及泄殖腔黏膜出血、坏死，偶见结肠绿豆至黄豆大小的坏死斑。

预防本病从种鹅着手，产蛋前 2 周接种疫苗，肌内注射 1mL/羽，3 个月后加强注射。"绒毛仔"可在 15 日龄左右注射，"血管毛"和拔毛的肉仔鹅，应在 60 日龄再次免疫（参考本书第六章附件 6-4）。

三、支原体病

本病是由支原体引起的雏禽易感性极强的接触性传染病。肉仔鹅以咳嗽、打喷嚏、流鼻涕、眶下窦肿胀、喘气为主要临床症状。成年鹅除了前述症状外，输卵管水肿、出血明显，导致产蛋量下降。剖检病死雏鹅时极易见到心包、气囊、肝周的单独或全部的卡他性炎症。

接种支原体疫苗，是预防本病的最佳措施。临床处置可用头孢类、林可胺类及大环内酯类药物，也可使用清肺止咳、镇咳类中药，处方简单的麻杏石甘散（麻黄 30g，杏仁 30g，甘草 30g，石膏 150g，按 1 ~ 3g/ 羽拌料，连用 3 ~ 5 天）效果也不错。

四、念珠菌病

本病是由白色念珠菌引起的家禽上消化道霉菌性传染病，可见雏鹅口腔、咽喉、食管、食袋黏膜形成的白色假膜，故又称鹅口疮，霉菌性口炎，消化道真菌病。本病可经被污染的粪便、垫料传播，也可经蛋壳传播。发病急，群内传播快，是其临床典型症状。30 日龄以下雏鹅易感，90 日龄以上鹅可自愈。剖检最显著病变是上消化道的干酪样假膜或溃疡。

预防本病的主要措施：一是控制适当的舍内密度，二是保证良好的通风换气条件，三是搞好卫生工作，尤其是舍内卫生。

临床治疗：制霉菌素 2‰ ~ 3‰拌料，连用 2 ~ 3 天。也可用 1:1 000 硫酸铜液饮水（2 次 / 天，连用 2 ~ 3 天）。严重病例可滴服千分之一的结晶紫液（1mL/ 羽，1 次 / 天，连用 3 天）。

五、曲霉菌病

本病是由曲霉菌引起的真菌性传染病。包括黄曲霉菌、烟曲霉菌、灰绿曲霉菌、镰刀曲霉菌、白曲霉菌、黑曲霉菌等十多种，其中以黄曲霉菌毒素、烟曲霉菌毒素的毒性最强，可导致雏鹅的肺炎。不像其他的曲霉菌病，只是导致上呼吸道的病变。本病多因饲料原料或成品饲料保存不当所致，多见于夏秋高热潮湿季节在鹅舍内堆放饲料的鹅场，也见于高温高湿的孵化场（出雏器、出雏室感染）。

雏鹅的敏感性太高，导致本病在雏鹅群同猪群的症状明显不同。猪是采食后毒素在体内蓄积损伤肝脏后显示一系列症状，雏鹅则是在吸入含有霉菌孢子的空气后，直接损伤上呼吸道黏膜而呈现症状。如流浆液性鼻涕、打喷嚏、咳嗽等。剖检可见鼻腔黏膜上的灰色或黄色坏死膜，口角、喉头、气管有白色或黄色伪膜状物，气囊、肺脏、胸腔浆膜等处可增生大小不等黄色结节，肝脏肿大、质地脆弱呈古铜色。

预防本病：一是控制舍内密度。二是保持良好的通风环境。三是尽可能不在育雏室内堆放饲料，库房选址于干燥通风地段，以及不使用没有干透的库房。四是做好舍内和环境卫生工作。五是认真落实消毒制度，定期杀灭舍内空气中的病原体。

临床治疗：一是1∶3 000的硫酸铜液饮水3天。二是饲料中添加2‰~4‰的海带粉饲喂3~5天。三是0.5%~1%的碘化钾液饮水3~5天。严重病例可用制霉菌素5 000~10 000单位/羽拌料或填饲（2次/天，连用3天）。

六、球虫病

鹅球虫病的病原是寄生于肾小管上皮内的截形艾美尔球虫和寄生于小肠的鹅艾美尔球虫等，危害各龄鹅群，但以20~90日龄易感，发病率和病死率高，严重的病死率达87%。染疫雏鹅精神不振，食欲下降，拉红色或暗红色稀便，俗称"拉红屎"。剖检可见小肠充满稀薄红色液体，中、下段出血明显。

预防本病的首要措施是推行网上育雏，地面平养的应勤换垫料。鸡的球虫疫苗已经在生产中运用，也可尝试在肉仔鹅中运用。

目前，临床治疗常用的特效西药是地克珠利，无休药期，1‰~2‰拌料连用3天，停药5天后再次用药2天。含有常山酮的中兽药对球虫有杀灭作用，常用的处方药是常山止痢散（常山12g，白头翁10g，仙鹤草10g，马齿苋10g，地锦8g。2‰~2.5‰拌料，连用7天），也有人推荐青蒿白头翁散、常青球虫散。对于地面平养的顽固性病例，中西药交替使用效果更好。

附件 4-1　肉仔鹅育雏精饲料配方

玉米糁 54%、麦麸 15%、豆粕 5%、花生饼 10%、菜籽饼 5%、食盐 1.3%、钙粉 4%、多种维生素（饲料级）0.5%、微量元素 0.2%、粗砂粒 5%。

附件 4-2　残次蔬菜及蔬果的利用

鹅是草食家禽，食谱很宽。除了豆科牧草的成熟籽实和那些带有腥味牧草之外，几乎没有鹅不吃的牧草。在大群放牧时，那些单独采食时不吃的有毒有害牧草也会被采食。这是规模养鹅与散养鹅的最大区别，也是日常饲养管理中的核心技术。

除了牧草之外，人类食物中的瓜果蔬菜，也是重要的青绿饲料来源。在现代农业发达地区，塑料大棚和玻璃房等保护地栽培的蔬菜和高附加值经济作物面积越来越大，残枝剩叶和残次品的处理同养鹅业的结合，不仅会给养鹅业提供充足的青绿饲料，也可避免细菌、病毒等病原微生物的前后茬传递，为维护保护地小环境生态平衡，减少农药使用量，提升产品内在质量提供支持。

本书所说残次果蔬，包括蔬菜中的叶菜、花菜、果菜和块根类蔬菜，以及粮作中的红薯、土豆，经济作物中的山药和林果等。

一、可被养鹅业利用的残次叶菜

除了豆科蔬菜之外，甘蓝和西蓝花菜叶及各种白菜、菠菜、芹菜、生菜、笋叶、油麦菜、空心菜、莙荙菜、雪里蕻，以及蔓菁和胡萝卜、白萝卜叶子，都可以用来养鹅。葱、蒜、韭菜等具有辛辣味的叶菜，不宜作为饲料大量饲喂。

前述叶菜的共性特点是水分含量较高（80%～95%），能量和蛋白含量较低，水溶性维生素含量较高，饲喂时需要添加一定的能量和蛋白饲料营养，以保证营养的平衡。

叶菜类作为青绿饲料利用时，最容易出现的问题是农药污染（甘蓝、西蓝花和蔓菁）导致的中毒，以及大量堆积导致的亚硝酸盐中毒。将收集到的残次叶菜投入到池塘内浸泡，可以达到清洗残留农药和避免堆积升温双重目的，是避免饲喂叶菜类致鹅群中毒的简单且实用的办法。

成年鹅的叶菜饲喂量，每只每日按1kg掌握。

诱导雏鹅采食青绿饲料时可使用叶菜类，但最好饲喂正常的叶菜。"开青"及2周龄前的雏鹅，最好饲喂菠菜、生菜、笋叶、油麦菜、空心菜。老芹菜和甘蓝、西蓝花老残叶等粗纤维含量高的叶菜，用于青年鹅和成年鹅；2周龄左右的幼鹅必须饲喂时，应选择鲜嫩植株。

白菜、菠菜、生菜、笋叶、油麦菜、空心菜等B族维生素含量高的叶菜，最好打碎后拌料饲喂，以减少水样稀便的发生。

苣荬菜同藜科牧草的叶片一样，碱性物质含量高，不可长时间单独饲喂，必须使用时，可同俄罗斯菠菜、酸木浆等酸性牧草，以及西红柿、猕猴桃、葡萄等富含维生素C的酸性果蔬混合后饲喂，或同糠麸、面粉等搅拌后饲喂。

残次的雪里蕻、蔓菁和胡萝卜、白萝卜叶子的粗纤维含量相对较高，不可放置太久。晾晒半干时，粗纤维木质化程度显著上升，会降低其营养价值。

尽可能不饲喂菜豆角、梅豆角和西番豆的残次品和秧蔓。必须使用时，应同禾本科牧草搭配青贮（不超过25%），或混合打浆后添加到精饲料中饲喂（不超过20%）。

二、残次果蔬及其合理利用

蔬菜中可以被用作鹅饲料的果蔬，主要是各种瓜类，以及西红柿、茄子，近年来进入蔬菜行列的秋葵残品，也可用作鹅饲料。

残次果蔬类用作养鹅饲料时，清洗、削掉病害斑是加工处理的主要工作。打浆后同精饲料、糠麸搅拌均匀饲喂是最佳的利用方式。单独饲喂时，切碎如拇指大小，即可投喂。雏鹅尽可能不饲喂残次果蔬。

瓜类果蔬中黄瓜的 B 族维生素含量丰富，西葫芦和冬瓜的矿物质营养丰富，清热利尿是共性功能，采食过量时水样稀便并非病态，避免的办法是与精饲料搭配饲喂。南瓜不仅维生素、矿物质营养丰富，其能量含量也较其他瓜类蔬菜高，是冬春青绿饲料供应淡季的重要原料。冬瓜和南瓜具有产量高、价格低廉的优势，可在上市旺季大量收购，利用土冷库保存，作为冬春青绿饲料供应淡季的原料使用。

西红柿富含维生素 C，残次品多因氧化而呈酸性，可同苣荬菜、藜科牧草混合后饲喂，单独饲喂要控制用量，以免破坏消化道微生态体系的平衡。

茄子的营养相对均衡，大量采食后无肉眼可见异常，不分青、紫大小，均可大量饲喂。加工时应去柄去蒂，去掉坏斑，切碎如拇指大小后直接投喂。

辣椒中无辣味的菜椒，不分大小长短，均可作为鹅饲料饲喂，但饲喂前应去掉软腐病感染部位，并撕碎成拇指大小的菜椒块投喂。有辣味的辣椒，不论是哪种辣型，均不宜作为青绿饲料大量饲喂。

三、块根多汁类蔬菜及其利用

常见的块根多汁类蔬菜主要有土豆、胡萝卜、白萝卜、蔓菁、芥菜疙瘩（或称芥疙瘩、大头菜、立芥、玉根），以及芋头、莲藕、山药（主产于亳州等地的菜山药）、桔梗、银条（主产于洛阳偃师）、生姜等，纳入鹅多汁饲料的还有红薯（有争论）。

发芽的土豆有毒（氢氰酸）是广为人知的常识。所以，尽管是使用残次品，也不能用发芽土豆喂鹅。也有人说外皮发青的土豆有毒，但削去青皮部分喂鹅，未见明显异常。冻伤软腐的土豆喂鹅，亦未见明显异常。但是，有黑斑的土豆毒性较强，应挑出扔掉。

残次萝卜、蔓菁、芥菜疙瘩最常见的是因存储不当导致的"糠萝卜""糠蔓菁""糠芥菜疙瘩"，或受伤后有从外到内的黑色斑块，或肉质部有黑线的"坏萝卜""坏蔓菁""坏芥菜疙瘩"。糠的喂鹅没问题，剁碎后投喂即可。坏的削去坏腐部分后可以饲喂，肉质有黑线无法清除的，不能喂鹅。

刚上市的残次胡萝卜最常见的是分叉、过小等形态异常胡萝卜，作为商品不行，但养鹅不是问题，应在上市旺季大量收购，以保证青绿多汁饲料供给。问题胡萝卜的"硬伤"与白萝卜几乎一样。也存在糠的问题，"糠胡萝卜"喂鹅没问题，剁碎后投喂即可。坏胡萝卜削去坏腐部分后可以饲喂。

在有蔬菜加工厂的地方，胡萝卜、白萝卜和蔓菁、芥菜疙瘩的切削头部（含有部分缨芽）产量很大，常作为废弃物处理。鹅场可以将其收回，打浆后加以利用。

残次芋头应切头蒂煮熟后饲喂。残次莲藕应清洗，去除污泥后全部切碎投喂。菜山药的残次品多为山药的根梢，清洗后拌入其他青绿饲料中饲喂即可。残次桔梗、银条多为碎断根须，或长久存放后失水萎蔫的淘汰品，清洗后同其他果蔬混合后打浆饲喂。生姜不能作为多汁饲料养鹅。

尽管将红薯纳入讨论有点勉强，但冲着安全养鹅，还是发表一些简单看法。次品红薯包括有明伤但未生病的红薯、小红薯、不成型红薯，不用犹豫，尽可以放心喂鹅。残品红薯大多数是病害红薯，包括：黑斑病红薯，软腐病红薯，花心红薯。红薯加工中削掉的黑斑绝对不能养鹅，其中毒后果不亚于"发芽土豆"。但是，削掉黑斑的红薯立即喂鹅没问题。注意，是立即饲喂；放置一段时间后，原来白净的地方又会变黑，变黑就不能喂。软腐病红薯发软流水，但养鹅不致病；花心红薯可以"生喂"，不可以"熟喂"。

四、花菜类蔬菜残品的利用

花菜类最常见的是花椰菜（白色和绿色）、韭菜花和黄花菜（干菜），中原地区的洋槐树花、紫藤花有时也当作蔬菜上市。

花椰菜的残次品很少，大多是散碎的小花朵，可以直接喂鹅。反倒是花椰菜的叶子作为蔬菜生产的副产品，有可观的青绿饲料产量供鹅利用。不过，花椰菜生长中容易受到甜菜夜蛾的为害，免不了喷洒农药。因而，饲喂前的浸泡清洗是必需工序。

韭菜花虽然壮阳，但由于强烈的刺激性气味，不适于大量用作鹅的青绿饲料。

黄花菜是干花菜的主要品种，价格较高。非虫蚀霉变舍不得用于养鹅。所以，一旦遇到干黄花菜的残次品，一是要仔细检查，看是否霉变。眼观霉变的，坚决不能饲喂。二是要控制用量（1%～2%），因为黄花菜除了粗纤维含量较高之外，还含有一种毒性物质（秋水仙碱），采食量大时极易导致中毒事故。新鲜的黄花菜不能直接喂鹅，应在60℃以上热水中浸泡3小时（倒掉浸泡液）以后饲喂。

有刺洋槐花(也称刺槐花，白色)和紫藤花(又称葛藤花，紫色)均无毒，可以直接喂鹅，但不宜超过日饲喂鲜草量的30%。干洋槐花和紫藤花的粗纤维含量较高，在鹅饲料中不宜超过5%。洋槐树具有强大的生命力和适应性，在废弃矿场、村落、干旱贫瘠的沙丘，甚至重金属矿场中，均能够正常生长，其花的重金属、微量元素含量因生存环境差异很大。所以，选择某些鹅饲料中必需的矿物质元素含量较高地区采集（或收集）洋槐花，分析其矿物质和微量元素含量，而后用洋槐花替代矿物质添加剂，是提高鹅的生长速度、降低饲料成本的一个便捷途径，也是保护金山银山的具体行动，有条件的企业可以尝试。无刺洋槐花有毒，不可喂鹅。

特别提醒：美化人居环境的爬山虎花朵有毒（并非花菜），养鹅场应随时清扫落花，以免鹅误食后中毒。

五、食用菌残次品及其应用

进入21世纪，食用菌生产得到了长足发展，平菇、花菇、香菇、金针菇、牛腿菇、木耳、松茸等食用菌产品越来越多，在加工销售中，其残次品量急剧增加。有条件的养鹅场，将食用菌残次品引入养鹅业利用，是资源充分利用的需要，也是养鹅业提高经济效益的有效途径。因为食用菌蛋白的氨基酸构成中含有较多的必需氨基酸，适当地添加一些食用菌残次品粉，有利于鹅饲料的氨基酸平衡。但是，食用菌中的粗纤维同样存在干燥时木质化程度上升的问题，在配制鹅饲料时应控制用量不超过5%。

六、残次瓜果的处理和利用

养鹅可以利用的瓜果，包括西瓜、菜瓜等农作物产品，也包括果树生产的果实。

西瓜和甜瓜是消夏的应季农产品，产量高、上市集中是其最大特点。不仅能够用残次品喂鹅，若鹅场居于产地，可有意识地买进一些，用于鹅群的夏季消暑。生瓜鹅不怕，坏瓜破肚子。所以，不要用坏瓜喂鹅。西瓜喂鹅最为简单，一分两半的西瓜或菜瓜投入鹅群后，很快就会被吃得皮也不剩。收获后的瓜田，鹅群放牧之后，不仅杂草被一扫而光，连西瓜叶子也都会踪影全无。

不同季节先后上市的樱桃、杏、桃、梨、李子、葡萄、苹果、柿子、枣、猕猴桃等水果，其不合格产品和销售底货，价格低廉，或作为经营垃圾处理，有条件的养鹅场可收集后用作鹅饲料。饲喂中注意如下事项：一是要剔除那些眼观霉败变质的水果。二是林果上市季节多在高温高湿的夏秋季，加之水果中糖分含量较高，饲喂林果残次品应把控用量，确保按需投喂、消耗干净，避免酸化腐败。三是饲喂含有硬核的林果后，应及时清理果核，避免来年生出的小苗导致中毒。四是酸味（未成熟的杏、发软的猕猴桃等）严重和容易发酸的林果，最好同碱性的苦荬菜、藜科牧草混合饲喂。五是含有较多单宁的风落果（青柿子、葡萄等），采食后容易在消化道形成结石，不可喂鹅，只可使用那些被虫蚀后糖化的软红柿子。

附件4-3 简易沙浴池的制作和使用

选择不宜被水淹没的高燥地段墙角（育雏室内应在干燥的角落），用砖块摆一个一面趁墙的长方形4砖深的池子（长4砖，宽2～2.5砖），单砖即可（两端的第一和第三层要用一个半截砖头，以便于形成错缝压接，并同长面衔接）。在池子内填入三层高的大沙，池外沿长边摆一平缓斜坡即成。使用期间每1～2周更换一

次池子内的大沙。

发生螨虫病的鹅群治疗时，可在沙子中掺入外用专治螨虫的驱虫剂，或 5% 的槟榔粉，或 5% 中成药三子散粉。治疗时沙浴池内的沙子应保证每 3 天更换 1 次。

第五章 牧鹅及草场准备

同放牧牛、羊相比，牧鹅的难度要小一些，但并不等于没有学问和技巧。若从维持草地生态平衡，实现持续利用的角度，做到草地、鹅、人和谐相处，至少应解决草地的选择、草地的牧草产量和承载能力（载鹅量），以及当地土地到底能够承受多大规模的鹅群（承载量）这些基本问题。本章围绕这些问题展开讨论。

第一节 草场的准备

在新草场或草地放牧的鹅群，出牧时最好有人引导。放牧过3次以后的草场或草地，鹅群会在"头鹅"带领下顺利进入。此时，牧鹅人在鹅群后边跟进即可。

草场的优劣，首先因草场内植被的建群种不同而异，其次也同鹅群日龄和类型、季节有关。也就是说，草场优劣是相对于鹅的需求而言。有经验的牧鹅人，会提前1~2天巡视、观察预备放牧的草场或草地，并进行预处理。

巡视观察的内容包括地形地貌、水源地的位置和距离、周边环境，进出路线，有毒有害牧草的种类等。通过观察，确定该草场是否适合放牧，以及放牧的时长，是否补饲，确定放牧鹅群的规模和放牧人员。

草场或草地的预处理包括：清除草场内有毒有害牧草和灌木，在危险地段设置警示标志，豁口处放置防止丢失的障碍物，水源地的整治处理，与农田或菜地的隔断等。

一、地形地貌

初次出牧鹅群及 30 日龄内的仔鹅群，要求在地势平坦、没有沟坎的以禾本科嫩草为建群种的草地放牧；30 日龄以上的仔鹅群，最好在平地或缓坡地草场放牧。地段内不得有灌木丛或垂直高差大于 15cm 的地塄（若有地塄，应提前处理成缓坡，以便于鹅群在草场内自由采食）；青年鹅群或种鹅群对放牧地要求相对宽松，但是也要尽可能选择平地或缓坡地草场（坡度在 15° 以下）。坡度大于 15° 时，虽然不至于影响单独鹅只的采食，但群体会聚集于坡下平缓处，从而导致草场内采食不均匀，局部地段的"过度采食"，会损害草场的再生能力。

另外，预定放牧草场内及周围的沟壑，极易导致放牧丢失。能够通过培土，挖壕沟，堆放秸秆、荆棘等简单办法处理的，应在巡视观察时予以解决；无法解决的，要在隐患地段插树枝、挂布条或塑料袋等，以警示牧鹅人。

二、水源及水源地的预处理

有良好水源的草场，鹅群才能够充分采食。巡视草场时发现水源地狭窄，应根据鹅群大小预先处理，以保证鹅群便利饮水。如适当平整地面，便于鹅群接近；清理水源地周围灌木杂草，避免藏匿丢失；适当加大水坑面积，提供足够的饮水位等。当草场紧靠河流、渠道、池塘等宽大水面时，应首先检查水源是否污染，以决定是否在此地段放牧。另外，应划定鹅群活动水面，并在活动水面周边设置阻断装置，避免失控，并降低鹅群饮水或下水后收鹅难度。

所有的鹅，均拒绝饮用高于体温 2℃ 的饮水。鹅对低于体温的饮水的温度不敏感，即使是结冰的饮水，只要无异常的味道，鹅都会饮用。草场中的水源若为"死水坑"，夏、秋高温季水温过高时，处于干渴状态的鹅群，宁肯受渴也不会饮用水坑中的热水。同样道理，冬、春季放牧的鹅群，会因为"抢水"而饮用污染的冰水。此种现象，牧鹅人应予以足够重视。

三、放牧地周边环境

首先，农区鹅群经常在"十边地"草场（荒坡地、河滩地、村边地、废弃企业厂矿、荒废宅基地、河渠边坡、路沟坡、田埂、地头、地塄）放牧，动辄跑入农田，管控难度大。其次，农田、瓜地、露地蔬菜田、果林地使用农药，极易因刮风导致相邻草地污染，引起鹅群食草中毒。最后，丘陵山区的草场地形复杂，常有小动物出入经过，容易引起放牧中鹅群惊群丢失。前述种种可能威胁放牧鹅群安全的因素，决定了选择放牧场地时，必须考虑和观察周边环境，并交代牧鹅人采取应对措施。

四、出入牧场路线及选择

不论是肉仔鹅，还是青年鹅、种鹅，放牧时追求的都是不丢失、好驱赶。肉仔鹅和7周龄以下鹅群，突出的特征是娇小脆弱，不仅要求平缓的优良草场，还要求出入牧场的道路平坦易行，尽可能少的上下坡、过路口和尽量短的路程，这是选择出入牧场路线时必须考虑的内容。

青年鹅群或种鹅群具有一定的出牧经验和觅食能力，自主性明显高于肉仔鹅，出入草场或草地时，常因受惊、贪食而掉队，选择出入草场路线时，应注意尽可能避开主干道路，避免机动车通过时惊扰鹅群。同时，应尽可能避开优质饲草饲料区，或在出牧时让后边鹅群将路途牧草采食殆尽再驱赶前行，以免返回时贪食丢失。出牧和收牧路途中不得有高于15cm的登高台阶，下行

台阶最好小于 25cm。

五、牧草辨认

牧场内牧草品种优劣和产草量，是鹅群放牧期内增重速度的决定因素，有毒有害牧草和灌木丛的存在，不仅会因奔跑觅食而影响鹅群采食效率，甚至会因为不同程度的中毒而暴发中毒病，或诱发疫情。

（一）辨别认识鹅食牧草的基本方法

鹅口腔味蕾不发达，对各种牧草辨识能力较差。单独或少数几只鹅在野外采食，会因其天生的择食能力，不会中毒。但在大群放牧或人工投喂饲草时，会因抢食而中毒。因而，牧鹅人在选择牧场或草地时，应具备基本的鹅的可食牧草辨别能力，以便及时剔除有毒有害牧草或灌木丛。

无毒无害，无异常气味，粗纤维含量低，是对鹅可食牧草的基本要求。无尖锐钩、刺，无坚硬外壳，便于采食，容易消化，是更高一级的要求。换言之，满足前述两项要求的牧草，才是鹅可食的牧草，两项都不能满足的，对于鹅群是有毒有害牧草。

若一片草地的野生牧草的建群种是有毒有害牧草时，此地段不适宜放牧鹅群；只有地段内的建群种为鹅可食牧草时，才有剔除有毒有害牧草放牧的价值。例如：花朵和叶片具有浓郁香气，果壳坚硬带有满身尖刺的洋金花（曼陀罗属植物）就是有毒植物；金银花无刺、无坚硬果壳，但释放浓郁香气，虽然是中药材，但是鹅一旦采食就会中毒；苍耳和蒺藜果实坚硬有尖刺，存在于草场中就是鹅的有害植物。

野外辨别牧草时，常用的方法是"一看二嗅三触四尝"。只有遇到面积较大草场或饲草匮乏时，才进行试喂试验。

1.看　先看草场内的建群种植物，后看特殊植物和高大植株。

2.嗅　采集整株可疑植物或叶片、花朵，嗅其气味。有异常气味植物多数是有毒植物，样本应带出草地后抛弃。

3.触　掐断或拧断可疑植物，将其少量汁液涂抹于手背，3分钟后，若手背无瘙痒、发红等异常，再将少量可疑植物汁液涂抹于小臂内侧，再静待3分钟，若无瘙痒、发红表现，才进行下一步的品尝。

4.尝　以舌尖舔尝前述三步选定可用的可疑植物汁液，若无刺激感和异常味道，可判定为可放牧或饲喂牧草。反之，就判定为不可放牧或采食牧草。

（二）常见牧草

不同季节，草场内的牧草建群种的差异，构成了各有特色的季节性草地植被。

1.鲜嫩的禾本科牧草是放牧鹅群的主要牧草品种　雀麦、稗子、狗尾草、马唐、牛筋草和大画眉草、小画眉草，分布广泛，其嫩芽和幼苗是鹅的最喜食牧草，山区的白草、茋草、芒草嫩芽，也是鹅的最喜食牧草，幼苗期的叶片鹅也吃。当然，粮食作物中的小麦、大麦、高粱、玉米的幼苗，也可作为饲草投喂鹅群。人工种植的禾本科牧草雀麦、苏丹草、茭草等，苗期虽然也是鹅的最喜食牧草，但最好在收获期收割后饲喂，以免影响人工草地的产草量。

2.豆科牧草是放牧鹅群的主要蛋白质来源　野生或人工种植的苜蓿、三叶草、胡枝子，以及各种豆类农作物的幼苗、嫩叶，可作蛋白源饲草喂鹅。山区丘陵地的五味子、枸杞子、五加皮、紫藤叶，也都是鹅群的喜食饲草，尽管其叶片蛋白质含量不及豆科牧草，但也是鹅上好的蛋白质饲料资源（参见本书附图八）。

高大乔木中，鹅最喜食桑树、构树、榆树嫩叶，喜食刺槐树嫩叶和桑、榆、构、楸、杜仲叶片，这六种高大乔木及藤本类的五味子、五加皮、紫藤、枸杞子老叶、枯叶鹅都吃，饥饿时鹅还吃泡桐叶、椿树叶、小叶杨树叶，甚至还吃有毒的黄楝树叶、忍冬叶（参见本书附图八）。

3. 常见杂草也是鹅的饲草资源　农区常见的各种野草野菜，都是鹅的饲草资源。如晚春常见的各种苋菜，夏季多见的藜属野菜，各种野生菊类，以及一年生十字花科野草等（参见本书附图九）。

4. 蔬菜和瓜果生产副产品是很好的鹅饲草资源　多数块根类植物（包括各种蔬菜和粮食作物）的叶片或幼苗、残叶，是鹅上好的饲草资源。如：白萝卜、胡萝卜、蔓菁、芥菜疙瘩等。

茎秆及花类蔬菜的叶片同样是鹅的饲草资源。如：各种花菜和菜薹、笋、榨菜的幼苗和残叶等。

叶菜类的各种白菜、甘蓝、菠菜、空心菜，只要没有特殊的浓郁气味，均为鹅上好的饲草资源。

六、有毒有害植物及其清理

有毒有害牧草，是指那些采食以后会对鹅的生命安全和健康构成危害的牧草，以及那些在采食活动或生活中对鹅的身体构成直接危害的牧草。显然，所谓有毒有害牧草是一个相对概念，对鹅的健康有害的牧草，不见得对其他家畜家禽都有害。同理，那些散养或小群放牧状态下并未威胁到鹅的健康的牧草，有可能在大群放牧或圈养投喂时，对鹅的生命安全和健康构成危害。所以，不同地区、不同季节的有毒有害牧草，需要养鹅人在实践中逐渐认识（参见本书附图十）。

（一）常见有毒牧草及其清理

常见的有毒牧草，主要是指那些少量采食，就可以导致鹅生理活动异常（死亡或发病）的牧草。曼陀罗属植物，忍冬科植物，不论草本或木本，几乎都是鹅的有毒植物，如最常见的洋金花、金银花等。此外，蓖麻叶、米布袋、泽漆、鹅不食、旋覆花、博落回等，对鹅都是有毒植物（参见本书附图十）。

王不留（一年生石竹科草本植物，学名王不留行，别名麦蓝菜）和鹅不食（学名石胡荽，别名球子草）是早春同小麦共生的一年生草本植物，不到麦田放牧不会发生中毒事件。种植雀麦的人工草场会有共生现象，收割前的及时剔除，即可有效避免中毒事件。

夏、秋季草地中的蓖麻（果壳带刺的一年生大戟科油料作物，别名大麻子）和洋金花（一年生直立半灌木草本，茄科曼陀罗属，别名狼牙棒、羊惊花、山茄花等）植株高大，加之异常的植株形态和散发的特殊气味，很容易发现，放牧前及时清理即可避免中毒。

旋覆花（别名金盏花、水葵花、金佛草等）适应性极强，能在多种生境中生存。宽大叶片有密集绒毛覆盖，鹅不喜食。但鹅采食其秋季茎结籽后的籽粒。另外，早春"望青不见青"时节，河边湿地中多数已经成为叶片长5~10cm、宽3~5cm的零散分布幼苗，大群放牧时，若不提前清理，可见采食能力强的强壮个体中毒。

正常情况下，鹅不会采食爬山虎（别名50多个，常见的有爬墙虎、常春藤、假葡萄、地锦花等，绿化用葡萄科地锦属攀缘植物）的叶、花和黄楝树的叶（槭树科黄连木属高大乔木，别名黄连木），但是，对于以精饲料为主的鹅群，会因青绿饲料不足而导致采食落花或落叶而中毒。及时清理养鹅场内的黄楝树和爬山虎，避免落叶落花，是预防中毒的最佳措施。

亚热带山区河渠边常见的博落回（罂粟科多年生草本植物，

别名大叶莲、菠萝筒、三钱三等），单独或小群放牧时鹅不采食，大群出牧时可被中小型个体误食中毒，出牧前或出牧中引领的牧鹅人的随手清理，是预防中毒的最佳办法。

（二）常见的有害野草和木本植物及避免伤害措施

鹅的有害植物，主要是指那些对放牧鹅群的生活及采食活动构成危害的植物。带刺的草本植物如苍耳、蒺藜等，以及高大木本的景天属植物、皂角，灌木类的马荆棘，有刺的海棠、酸枣等，草场中有了这些植物，极易导致鹅被刺伤。

1.蒺藜（别名铁蒺藜，白蒺藜，名茨） 一年生蒺藜科匍匐生草本，未结果前的蒺藜是鹅喜欢采食的牧草，结果后的蒺藜因为刺破鹅脚蹼而成为有害牧草。因而，草地中蒺藜的清除，可不实行人工清理，而是在6月的开花期前开始放牧，既利用其幼苗，又防止其伤害。5月以后的初次放牧草场，应在放牧前巡检清除。

2.苍耳（别名苓耳，地葵） 一年生菊科草本。鹅不采食苍耳的叶片，饥饿时采食其幼苗。但是，草场内成熟苍耳茎秆上及脱落的带刺果实，会刺中放牧鹅群的脚蹼和颜面。所以，苍耳是鹅的有害草本植物。每年的5月，是清理苍耳的最佳时机。此时，苍耳的茄子苗状真叶硕大，在草地中突兀显著，极易辨认，拔掉也容易。

3.疏林地草场和林果地草场草地中的乔木和灌木 带刺的如酸枣刺、洋槐树、马荆棘、铁篱寨等，均为有害树木。不带刺的各种高大乔木、灌木，只有那些叶片和花朵无味无蜡质的，才能作为鹅的饲草资源加以利用；凡此以外，具有酸、涩、苦、咸、辣、麻、香、甜味道或气味的树叶或花朵，少量采食时，对鹅不构成危害，大量采食时，常常会带来危害，成为有害植物。果树因在生长中大量使用农药，其叶片和花朵不能作为鹅的饲料资源利用。

第二节 鹅食牧草及其评价

养鹅中有两种使用牧草的方式，一种是收割后圈舍内饲喂，另一种是放牧时鹅群自己采食。不同的饲喂方式或不同的用途对牧草有不同的要求。舍饲用牧草既要有营养价值，又要鲜嫩，多为人工栽培牧草，如苜蓿、三叶草、雀麦、串叶松香草、聚合草等。此类牧草的主要特点：一是便于人工栽培；二是耐大水大肥，耐刈割，可多茬收获，产草量高；三是饲喂安全。野外放牧的牧草多为天然草场自然生长的野草，其牧草种类繁杂，营养价值高低不一，有些野草甚至是有毒有害牧草。

通常，养鹅产业中所讲的牧草品质评价，主要是指对天然草场内的野生牧草的评价，其不同于一般的牧草品质评价的差别，在于必须围绕规模养鹅的特点进行。因为草食家禽与草食家畜具有不同的生理结构和生物学习性、行为学特性。不重视这些特点特性的评价结果，在实际生产中没有指导作用。

一、野生的禾本科牧草

禾本科最常见的狗尾草、画眉草、马唐、稗子、狗牙根、看麦娘、碱茅、缘毛鹅观草、白草、莐草和牛筋草、隐花草、虱子草、芦草等，其幼苗和嫩芽均为鹅喜食牧草，粗纤维含量低（几乎不含木质素），分布广泛，鹅最喜食，也是放牧鹅群采食较多的牧草。缺点是蛋白质含量较低，若能够同补饲苜蓿、红三叶和白三叶草，或刺槐叶、桑叶、紫构叶浆结合起来，能够获得较好的生长速度和育肥效果。

野生禾本科牧草的显著特征是随着成长壮大及收获后的干燥脱水，其叶片中的纤维素、半纤维素会木质化，进而导致木质素含量升高，其营养价值降低，适口性从"最喜食"降为"喜食"。

所以，同为禾本科牧草草场，盛夏和初秋放牧时，尽管鹅群采食很足，但其相对增重速度不及春季。

入秋以后，禾本科牧草大多数很快进入结籽或籽粒成熟期，鹅群进入草场后，绝大多数都在采食鲜嫩或成熟中的籽粒，叶片的采食量明显下降。虽然禾本科牧草籽粒淀粉含量明显高于叶片，但随同采食的籽粒外壳的粗纤维和木质素含量跟随上升。此时，若要获得理想的生长或育肥效果，应在放牧后补饲人工种植的豆科与禾本科搭配的混合牧草，或者补饲育肥专用料。

禾本科牧草的干草粉是良好的充填剂，冬季放牧鹅群采食干枯禾本科牧草的最大效用是解决饥饿问题。所以，补饲人工牧草或精料，是保证种鹅群维持正常产蛋的前提，也是越冬青年鹅群避免疫情危害，维持正常生长速度的基础（参见本书附图一）。

二、豆科树叶和牧草

豆科的高大乔木和灌丛叶，以及野生牧草，是鹅的植物蛋白原料。缺少蛋白营养的鹅群，生长速度明显放慢。

常见的豆科高大植物如刺槐叶、无毒紫穗槐叶、人工种植的苜蓿属、三叶草属的全草、胡枝子属叶片，以及地丁草、鸡眼草，鹅都喜食；野生的黄芪属牧草叶片适口性差一些，可评为"吃"。前述豆科树叶和牧草，都是上好的蛋白质饲料源。不过，由于豆科植物大多富含皂苷类，采食后易发生胀气，放牧时应注意，此类草场，应在鹅群采食"八成饱"以后才可进入。补饲应控制饲喂量，并在采食青绿饲料"满嗉囊"后才开始。

同禾本科牧草一样，夏秋季节的成熟豆科植物，以及人工种植的豆科牧草，随着收获后的加工干燥，纤维素逐渐转化成木质素，鹅的消化吸收率显著下降。所以，有条件的鹅场，应建立豆科牧草基地，尽可能做到放牧鲜嫩牧草，或收获后加工成草浆饲喂，以保持较高的生物学效价（参见本书附图二）。

三、十字花科牧草

常见的十字花科牧草有荠荠菜、离子草、离芯芥、风花菜、遏蓝菜、独行菜，鹅都喜食（参见本书附图九）。

播娘蒿的适口性较差，可评为"吃"级，但在大群放牧时，同样被鹅群采食干净。其优点在于种子容易采集，富含油脂，且油脂中不饱和脂肪酸含量较高，是工业用油的原材料，有可能实现人工种植（参见本书附图九）。

十字花科牧草在草场中多为从属草种，虽然产量不高，但多在早春萌发，春季生长极快，是解决春季青绿饲料短缺的重要原料。

四、藜科牧草

常见的绿珠藜、灰绿藜、小藜等藜属野草，俗称灰灰菜，南美洲的秘鲁人将它当作农作物种植。适应性和耐瘠薄能力极强，在各种土壤中均能生长，对降水反应敏感，多水的春季生长旺盛，是鹅的喜食牧草。藜属牧草的特点是叶片肉质厚，碱性明显，蛋白质含量高（26.51%）。尽管鹅喜食，但不可吃得太多，因而应在半饱以后放牧。

多见于盐碱沙荒地的各种虫实和沙蓬，幼苗的适口性可评为"喜食"，长大成株时适口性下降，可评为"吃"级。但是，矿物质和植物蛋白含量丰富，对于生长旺盛的青年鹅群，是上好的蛋白质和矿物质饲料源。成熟结籽后的沙蓬和各种虫实，适口性更差，只能评为"饥饿时吃"，大群放牧时可见鹅群采食其种子。秋末冬初的干枯植株，鹅群不采食（参见本书附图四）。

五、苋科牧草

苋科的青葙、牛膝和随处可见的繁穗苋、绿穗苋、皱果苋、反枝苋，鹅最喜食；刺苋则因茎秆上的尖刺被鹅抛弃，适口性只能评为"饥饿时吃"。苋科野草的共性特点是叶片肉质多，叶脉随植株的成熟木质素含量上升缓慢，适口性下降不明显，但干枯或干燥后，适口性和营养价值急剧下降，多作为填充剂使用（参见本书附图四）。

六、蓼科牧草

蓼科牧草中的萹蓄，因叶片维生素、蛋白质、矿物质含量高，营养全面，是草食家畜家禽的"最喜食"牧草，并具有在早春萌发生长的优点，未来有望被作为早春鹅用牧草开发利用。

两栖蓼是较为耐寒的湿地牧草，虽然产草量不高，适口性不高（对于鹅只能评为"吃"），作为解决早春青绿饲料不足的野生牧草，放牧鹅群还是能把它一扫而光。只是应当注意，两栖蓼叶片呈弱酸性，不可让鹅过度采食。

沼泽湿地生长的蓼科植物很多，除了水蓼（又称辣蓼）因适口性较差（适口性可评为"吃"），而不被鹅喜食外，旱苗蓼、荭蓼、西伯利亚蓼、习见蓼，都是叶片厚实、矿物质含量丰富，被鹅喜食的牧草。

河边湿地生长的巴天酸模和果齿酸模，形如菠菜，虽然叶片宽大、鲜嫩、光滑，但因明显的酸涩味，对鹅的适口性并不好，只能评为较低的"饥饿时吃"。大群放牧应在"八成饱"之后（参见本书附图六）。

七、菊科牧草

菊科牧草的突出特征是适应性强、分布广泛、种类繁多。干旱的荒坡、荒山、草场和湿地草场均有不同种类的菊科牧草分布。

各类草场随处可见的蒿类野草中，除了白蒿和香蒿的幼苗鹅"喜食"外，艾蒿、黄花蒿、莳萝蒿等，连幼苗鹅都"不吃"。

地肤（俗称扫帚苗）和大蓟、小蓟、鬼针草、小白酒草、菊芋和阿尔泰狗娃花的幼苗，鹅均"喜食"。

鹅"最喜食"菊科牧草有柳叶紫菀、山苦荬、苦苣菜、蒲公英和泥胡菜。

菊科的苍耳子、旋覆花不论大小，鹅均"不吃"（参见本书附图三）。

八、大戟科、旋花科和莎草科常见野草

常见的大戟科的野草有铁苋菜、泽漆、地锦等。鹅"喜食"铁苋菜；泽漆是有毒野草；地锦入中药，但因匍匐生和产量太低，鹅虽然"喜食"，但作为牧草的价值不高。

旋花科常见的田旋花、打碗花，是鹅的"最喜食"牧草。

莎草科常见的扁穗莎草、碎米莎草、聚穗莎草、红颖莎草、荆三棱、香附子等，鹅只采食其幼芽，成熟叶片粗纤维含量高，仅有充填作用，鹅仔"饥饿时吃"；当在沼泽湿地草场放牧时，鹅会用喙深入泥淖中采食其"纺锤状"根瘤（参见本书附图九）。

九、蔷薇科和茄科野草

中原地区的"十边地"草场里常见的蔷薇科野草是委陵菜和朝天委陵菜,前者多见于果园内,后者多见于菜园河渠边及大棚内,二者均为鹅"喜食"野草。

常见的茄科野草有枸杞子、曼陀罗、酸浆、苦蘵、黄天茄和龙葵等。其中的枸杞叶和幼苗叶片厚实，叶脉很少，为鹅"最喜食"牧草；曼陀罗为有毒牧草，放牧前应予以清理；酸浆、苦蘵的幼苗，鹅在"饥饿时采食"，龙葵的果实和叶片，鹅"最喜食"（参见本书附图九）。

十、紫草科和石竹科、藜科牧草

这两科的牧草，春季常见于麦田中或麦田的田埂、行间、地边等空隙地段，产量不高，但可解决春季青绿饲料不足。

紫草科的麦家公、砂引草和附地菜，为鹅"喜食"牧草，可采集后投喂，但要将鹅虱（俗称蓝花蒿）剔除。

春季麦田中的石竹科常见野草有蚤缀（俗称鹅不食）、米瓦罐、王不留行，只有米瓦罐可用于养鹅，其他两种应扔掉。

较为多见的藜，春夏之交时节多为幼苗，鹅"喜食"未结果前的幼苗及嫩果。果壳木质化后的藜，可刺伤放牧鹅群脚蹼，盛夏及其以后，牧鹅时应提前予以清理（参见本书附图九）。

十一、其他牧草

车前草科的平车前和大车前是平原地区常见牧草，矿物质含量居于常见牧草前列（干物质灰分20.25%），对鹅的适口性也很好（"喜食"），且有春季萌发较早和便于采集种子的优势，未来有望成为人工种植的鹅用牧草。

桑科葎草属的葎草，因其适应性和攀爬能力极强，加上粗糙的叶面和藤蔓、叶柄上的毛刺，多种草食家畜均不采食，常常缠死景观植物和果树，被作为有害植物对待。但是鹅不惧怕（适口性可评为"喜食"），可将其叶片和嫩芽摘干净。所以，运用鹅群清理此种有害植物（放牧或收割后打浆饲喂），是一举多得的选项（参见本书附图九）。

山地草场的攀缘植物中的木兰科草本五味子的叶片和果实，对鹅的适口性都很好（"喜食"），山区规模饲养时可作为青绿饲料予以开发利用，是鹅的上好青绿饲料。

攀缘木本植物紫藤的叶片和花朵，以及高大落叶乔木楸树、构树、刺槐树、酸枣和大枣的嫩叶（立秋之前），对鹅的适口性也很好，可作为青绿饲料利用（参见本书附图八）。

总体来讲，了解和认识野生牧草，掌握其分布、生长规律，是一项需要不断实践、不断积累的细致工作，有待于行内同仁不断补充。至于各种牧草对鹅的适口性评价和营养价值分析，进而评价草场草地的承载能力，以及制订清除有毒有害牧草计划和种植规划，则是规模养鹅的一项基础工作。

第三节　维护牧鹅草场的生态平衡

草地产草，能够养鹅，养鹅需要草地，二者应该是主次分明、相辅相成的关系。在此需要强调的是，草地（包括疏林、果林草场）本身就是一个相对平衡的系统，鹅的进入，应该是在适度利用前提下的资源开发。养鹅人不希望载畜量不足，眼睁睁地看着优质的饲草资源白白浪费，更不能因为养鹅的蝇头小利，破坏原本平衡的草地生态系统。

事实上，草地内的乔木、灌木、野草和野生动物、微生物，在长期的自然演化过程中，已经形成了相互利用、相互依存、和睦相处的平衡关系。树木和野草，利用阳光、降水、雷电和风、土壤（及其所包含的矿物质元素）生长，养活了生活在草地里的田鼠、昆虫、鸟和大大小小的哺乳动物。反过来，昆虫（包括人们认为有害的虫子）、田鼠等动物，甚至微生物的存在，又通过不断地采食，限制了树木和野草的疯狂生长，避免了雷电引起的天火，才形成并维护着生机勃勃的草地生态系统。

人们应该明白，鹅群的进入对于草地生态系统，是一个突然的外来因子，是为了利用茂盛生长的饲草资源。因而，就有一个适度利用、合理利用的问题。换言之，在利用的同时，要保护草地牧草继续良好生长，而不是竭泽而渔、挖苗断根，永续利用才是上策。就同农民种地要休耕、轮作，渔民打鱼要休渔一样。其次，鹅群进入草场后，除了啄食，还要排泄和踩踏，过多的粪便，会"烧死"牧草幼苗、嫩芽，鹅群的踩踏，会破坏土壤结构，形成局部或全部的土壤结构的硬化、板结，也会踩踏幼苗、啄食嫩芽，限制牧草生长。所以，要把某一块草地、荒坡、荒山、林地、果园作为草场利用，首先要做的工作，是评估草地的载畜量和土地承载力。

一、草场载畜量的计算

载畜量是指单位面积草地内生产的牧草，能够承载草食家畜家禽的最大能力。超过承载量的放牧，会破坏草地生态平衡，导致草地退化。对于养鹅人，是指在限定时间内（通常是 2~3 天），每平方公里草场能够养鹅的最多数量。注意，传统畜牧学中的载畜量，是以牛为参照物计算出来的，对于养鹅，只能是一个参考数据。

当 $10km^2$ 范围内只有一个存栏 300 只鹅以下的小规模鹅场或农户散养，无论是放牧或是舍饲，对草地生态系统的影响都很有限，可以忽略不计。但是，在规模饲养背景下，鹅群规模成千上万，或者每 $10km^2$ 土地上有数个存栏 300 只左右，或一个存栏规模超过 5 000 只的鹅场时，必须对草场质量进行评估，并计算草场载畜量。

鹅用草场质量评估，最好在春季进行。首先，春季青绿饲料匮乏，青绿饲料的产量，常常成为鹅群规模大小的限制因素。其次，春季是鹅食牧草最佳利用季节，此时的评估结果，最接近放牧鹅群时的实际利用情况。通过对草场载畜量的计算，不仅能够为合理利用草场提供依据，也为建立人工草场提供决策依据和规划数据。测定载畜量需要在预定草场完成踏查、选定样方、测定产草量。

1. 踏查　是指对较大范围内草场的巡视观察。观察的内容包括草场的位置、地形、坡度和植被建群种，以及水源地、潜在危险（包括有毒有害植物，野生动物，洞穴、悬崖、滑坡、巨石，超高压电路、高铁、公路，污染物等），以确定草地的利用价值和牧鹅时的注意事项。

踏查时应携带笔记本、照相机、摄像机、定位仪、植物采样夹、工兵铲等基本工具，以便于巡视观察中随时采样和记录。深山区草场踏查还应携带必要的防护工具，以防野兽和毒蛇伤害。进入疏林地草场踏查时，应注意设置路标，以防在树林中迷失方向。

舍饲为主的鹅场，踏查应以寻找蔬菜基地、果林地、可饲用林地为主要任务。弄清可利用残次蔬菜和树叶、花、果的种类和每日产量，以及使用农药的种类、时间，收集方式和运输道路情况。

2. 选定样方　是对确定可以利用草地的产草量和载畜（鹅）量进行量化评估的基础工作。样方的设置准确与否，直接决定着评估结果的真实性和实用价值。所以，应按草场类型设置样方。相同类型草场中的不同地形应依据地形划分地段后，在不同地段内随机设置足够样方。如坡地样方、山麓样方、山坳样方、滩地样方等。即使在同一地段，还应注意植被类型和牧草建群种、长势。

鹅用草场的样方密度，每公顷不低于 20 个。地形和植被类型复杂的草场，以及牧草长势差异悬殊的地段，均应适当加大样方密度（同一地段不同植被类型草地样方不低于 3 个），以提高评估结果的准确性。

设定地段内样方应随机分布。

样方面积为 1m × 1m 的正方形，压线部分不采集。

3. 测定产草量　样方内牧草产量，是指那些鹅"饥饿时采食"等级以上的牧草产量。即：要排除鹅"不吃"的牧草和有毒有害牧草。

测定时剪取地面以上部分鲜草。放牧草场采样时，留茬高度 2~3cm；收割后舍内饲喂草场采样时，留茬高度 5cm 以下。样方内牧草品种较少时，样品按牧草种类堆放，分别称重；牧草种类复杂时，选出 2~3 个优势种，采集后按种类堆放、称重，其余的鹅食牧草可混合堆放，一并称重。

称重应在野外无风处进行，以"克"为单位（精确到小数点后 1 位）称重。暴风雨等特殊天气无法在野外完成时，可带回室内称重（但应立即进行，力争在采集后 2 小时内完成）。称重结果应记录清楚（最好使用依据踏查结果提前制作的表格）。

单个样方内的样品总重（G）= 样方内各种鲜草样品的重量之和（g）。

单位面积牧草的产量按照以下公式计算

M（kg/ha）= $\sum G$（g）× 1 000 000 ÷ 1 000/n

$\sum G$（g）——测定草场面积内所有单个样方的鲜草重量之和（不包括有毒有害牧草）；

n——测定草场面积内的样方数。

4. 疏林地草场可食用树叶产量的测定　疏林地产草量由地面产

草和可食用树叶两大部分构成。其地面产草量测定按照前述方法进行。树叶产量依照下述方法进行。

（1）测定每亩地可食用树木株数。

（2）分别选择树冠大小最具有代表性树种的树木，作为测定样本予以标定。

（3）选择合适天气，逐个清理样本树木下的地面之后，用液氮喷雾造成人工落叶。

（4）跟随喷雾人员，分树种收集样本树木的鲜叶。

（5）分树种测定鲜叶重量(以千克计，精确到小数点后1位数)。

（6）单位面积内可食用树叶产量。每亩地鲜叶产量 = 不同树种样本树木鲜叶总重 × 不同种可食用树叶树木株数。

每公顷草场内可食用树叶的鲜叶产量 = 每亩地鲜叶产量 × 15

疏林地草场鹅可食用牧草产量 = 每公顷鲜草产量 + 每公顷草场内可食用树叶的鲜叶产量。

二、承载量的计算

土地承载力原本是为了避免过多的粪肥渗漏入地下水系统而提出的概念，其具体指标是承载量，指每平方公里土地所能够消耗畜禽粪便的能力。超过承载量饲养畜禽，其粪便会造成地下水的污染，破坏人类生存环境。对于养鹅业，要考虑鹅群生产的粪肥量的多少，除了维系草场内牧草生长的消耗，更多的是圈舍内排泄粪便对周围农田的压力。其次，是鹅群大小对草场地面的影响。

鹅粪具有色黄、纯净、氨气少的特点。根据浙江省饲料公司饲料研究室的测定，晒干鹅粪含水分 11.3%、粗蛋白质 12.05%、粗脂肪 0.83%、粗纤维 30.05%、无氮浸出物 29.48%、灰分

16.29%、钙 0.18%、磷 0.59%。综合鹅粪的理化特性可以明白，鹅粪具有氨气含量低、矿物质营养丰富和碳氮比更趋合理的特点，作为有机肥利用的前景很好。

尽管民间有用鹅粪防蛇、防黄鼠狼的习惯，会消耗一部分鹅粪，但其消耗毕竟有限。存栏万只的鹅场，年产鹅粪 698.4 吨，如此数量级的鹅粪，最终还得靠农田消耗，尤其是蔬菜和瓜果、药材等经济作物种植业来消化。事实上，在规模养鹅发达地区，已有部分规模饲养场采用了防渗漏储粪场地面堆积发酵、防渗漏储粪池封闭发酵处理的工艺加工处理鹅粪。

现实生产中设置载畜量指标的意义还在于，即使农业机械化水平已经显著提高，农民也会从畜禽粪便运送成本决定取舍，运送距离太远时，畜禽粪便就近利用很难落实。另外，从动物疫病防控的需要出发，各个动物饲养场的间距应在 3 000m 以上。结合制定规划制图需求，以 $10km^2$ 范围布局一个规模养鹅场为佳（即每个动物饲养场粪肥使用范围限制在 $9km^2$（3×3）以内。

三、草地载鹅量的确定

适当的载鹅量，不仅对于提高天然草场的资源利用效率有着积极意义，也是规划恰当的人工草地的基本依据。

（一）天然草场载鹅量的计算和轮牧

过度放牧导致草场退化的例子比比皆是，在规模养鹅中有效规避过度放牧的基本办法，是根据草场载鹅量规划鹅群规模和轮牧。考察评估过草地载畜量、选定鹅群放牧草场之后，进入规划鹅群规模阶段，应注意如下问题。

即使是春天，草场内牧草产量处于上升阶段，对草场产草量的利用，也应根据上年冬天的降水和本年春天的日照、气温，预留 20%～50% 的余地，以便于牧草生长。通常上年冬季降水充沛时，多为春天日照充足、气温回升较快的年份，规划时草场牧草利用量可按预留较低（20%～30%）掌握。而当上年冬季干旱少雨时，往往是多雨春寒的天气，规划时草场牧草利用量可按预留较高（40%～50%）掌握。

春季放牧的多为幼鹅或青年鹅群。考虑到环境温度的限制，早春育雏鹅群外出放牧多在清明前后，幼鹅群鲜草采食量可按 0.1kg/（只·天）掌握；按季节自然孵化的外出放牧，则在立夏之后，其幼鹅的鲜草采食量可按每天 0.15～0.20kg/（只·天）掌握。青年鹅的鲜草采食量，视日龄和体重按 0.5kg/（只·天）左右掌握；春季放牧的成年鹅群，其鲜草采食量至少应按每天 1.0kg/（只·天）计算。

$N=M×（1-k）/Gd$

N——每公顷天然草场载鹅量

M——每公顷天然草场鲜草产量

k——预留系数

Gd——不同类群的每日采食量

（二）轮牧

鉴于鹅"铲食"的采食特点，轮牧是避免牧草幼芽被彻底"铲食"的基本方式。规划时必须预留足够的草场面积，为轮牧创造条件。

为了避免鹅群对草场内牧草的过度采食，放牧时要根据鹅的年龄大小及草场内牧草幼芽的大小和产草量，掌握适当停留时间。即使是在长势良好的放牧"网格"或"小区"内，春季牧鹅时也要控制适当的行进速度。早春放牧的幼鹅群，在不同轮牧小区内不停留地缓慢行进，是对草场的最佳保护。

四、人工草地载鹅量的计算及人工种草面积

非草原地区和山区，存栏量超过 3 000 只的规模鹅场，规划和建设人工草地，是利用鹅的生物学特性，满足其青绿饲料需要，培养健康体质、减轻疫病危害的基本方法，也是节约饲料成本、提高养鹅经济效益的捷径。

同放牧鹅群的规划设计一样，人工草地面积应与存栏规模相互匹配。不论是混播人工草地，还是豆科纯播人工草地，规划产草量应高于鹅群采食量的 25%，以防遇到旱、涝、病虫害等自然灾害时，影响饲养计划的落实。

规模鹅场的人工草地，多数是收割后饲喂，打浆与否应根据鹅的年龄大小和牧草的品种、鲜嫩程度灵活掌握。土地面积宽绰时，最好建立禾本科与豆科牧草的混播草地，以保证生产牧草的营养尽可能均衡，为全程饲喂提供方便；土地面积紧张时，以建立蛋白含量高的豆科牧草、饲料桑、紫构树等纯播草地为佳，为尽可能多地替代豆粕创造条件。山地或草原地区的鹅场，也可以通过大面积"无人机机播"改良草场，以保证放牧鹅群的营养需求。

不同年份人工草地产草量的测定，要同本场的实际情况相互吻合。如饲喂日龄和方式、牧草收割时机和收割方式等，都会影响草地产草量。如幼鹅需要鲜嫩牧草，不可能等到苜蓿现蕾时才收割；再如不打浆的直接投喂，不能等到茎秆木质化才收割；又如不同的收割机留茬高度有差异，不同的收割时机等会直接影响草地的产草量。所以，不能死抠教科书本，一定要围绕本鹅场生产实际，决定采样的时机和样本采集方式。否则，计算出来的产草量难以同饲养环节衔接。

注意，人工草地面积的计算，不能简单地以鹅群的平均青绿饲料需求量乘以存栏数量后除以每亩地产草量，而应与不同年龄

段或类型鹅群的数量，求得的牧草需求量，同该季节牧草饲喂、收割方式相匹配的测定结果比较，计算出实际播种面积。

实际播种面积 = 测产计算的播种面积 ×125%

通常，鹅群规模是由投资人依据商品鹅及其产品的市场行情、资本、土地、当地的气候条件等因素确定的，人工草地面积服务于存栏鹅的多少。但是，在实地勘察计算后会发现，选定鹅场的土地无法满足预定的存栏规模对人工草地面积的需求。此时，压缩存栏规模或再次租赁土地种草，需要投资人决策。规划设计时，除了应将非场区土地播种牧草的看护、牧草和粪肥运送等费用计入经营成本，更重要的是场区外土地的水肥条件和牧草产量，是否能够满足稳定生产中的饲喂需求。

附件5-1 黑麦草和苜蓿的套种和利用

苜蓿和黑麦草是人工栽培牧草中的翘楚，各自分别引领着豆科和禾本科牧草的研究开发水平。受经济发展模式和饲养业经营管理水平的限制，两种优秀牧草在中国的种植和利用远未达到预期水平。在畜牧业由资源型向生态型、粗放向精细化、精料型向草食型转移的今天，认真研究两种牧草的特性，并在栽培中引进生态学理念，为猪禽规模养殖企业提供技术指导，显得尤为迫切。

一、黑麦草和苜蓿的生物学特性及营养价值

黑麦草（*Lolium perenne* L.）为多年生禾本科牧草，人工栽培品种很多，近年来在中国表现突出的是冬牧70黑麦草，苗期植株外形酷似小麦，穗形如大麦，其生物学特性也同小麦极其相似。

（一）冬牧70黑麦草

冬牧70黑麦草是禾本科黑麦属冬黑麦的一个亚种，是一年生

或越年生草本植物。该草由美国种子公司从 1030 黑麦中选育而成。20 世纪 90 年代引进后，1995 年在河南省兰考县种植成功。河北农业大学农村科技开发中心 2001 年引进后，多点多次成功示范种植，总结为抗寒、抗病、品质好、适应性好，并发现其具有极强的耐盐性能（0.87% 以下混合盐溶液内萌发正常，极限值为 3.88%），可在滨海地区中度以下（40%）盐渍土壤上种植，在年降水量 500～1 500mm 的地方均可生长，以 1 000mm 左右为适宜。

冬牧 70 黑麦草冬季分蘖多，抗寒性强（0.5～2.5℃气温可萌发，三周后发芽率 82.23%～84.83%），生长快，春季生长更为迅速（15～20℃日平均生长高度为 1.5～2.4cm，日积累干物质 0.33g），耐刈割性能良好，鲜草产量高（亩产鲜草 7 000～8 000kg），适口性好，是牛、羊、兔、驼、鹿、鹅等草食动物，以及草鱼冬、春季良好的青绿饲料资源，对农区规模饲养种畜群维持繁殖性能有重要意义。冬牧 70 净生育期 243 天，种子田植株秆坚韧、倒伏后可迅速恢复，4 月上旬抽穗，6 月上旬收获种子，株高 150～180cm，成熟后穗头与大麦相似。

冬牧 70 黑麦草具有高蛋白、高脂肪、高赖氨酸含量优势，微量元素营养丰富。青刈期样品测定结果为：蛋白质 28.32%，粗脂肪 6.83%，15 种氨基酸中赖氨酸含量 1.62%，微量元素中铜 18.38mg/kg、锌 17.13mg/kg、铁 367.5mg/kg、锰 55.63mg/kg、镁 20.82mg/kg、钾 2.86mg/kg。胡萝卜素含量达 193.1mg/kg。

（二）苜蓿

苜蓿是人工栽培牧草中蛋白质含量最高、质量最优的豆科牧草，苜蓿的适应性极强、分布面积最广，种类很多。我国种植最多的是原产于伊朗的紫花苜蓿（*Medicago sativa*），主要分布于西北、华北、东北和江淮流域。苜蓿的营养价值很高，每 100g 鲜品含蛋白质 5.9g、碳水化合物 9.7g、胡萝卜素 3.28mg、维生素 C 92mg、维生素 B_2 0.36mg、钙 332mg、磷 115mg、铁 8mg。此外，苜蓿的维生素 K 含量远高于其他牧草。

苜蓿的再生能力很强，耐践踏，耐刈割。但是病害也很多，常见的病害主要有锈病、霜霉病、褐斑病、白粉病、黑茎病、叶斑病、黄斑病、轮斑病等 8 种。其中以锈病分布最为广泛，发生于我国 13 个区，从南到北均有分布，其次为霜霉病、褐斑病、白粉病等。因为作为蛋白饲料利用的缘故，苜蓿疫病的防治中，几乎没有农药的应用空间。尤其是在南方潮湿地区，生长 3 年以上的苜蓿群落，常常为土壤中的萎蔫病病原体（植物单胞菌 Phytomonas insidiosum）所侵染，因而变得稀疏。

二、黑麦草与苜蓿套种及其实际意义

一个广为接受而又普遍存在的现象是，通风良好的苜蓿田，疫病危害相对较轻。对于冬、春季生长的黑麦草，生长中同样存在通风需求，并且充分采光是产量高低的限制因素。作者的试验表明，光照、水、肥供给满足之后，通风条件的改善，是农作物和饲草产量提高的限制性因素，如同家畜饲养中的限性氨基酸供给决定生长速度或繁殖性能的"水桶理论"一样，最短板决定着整个水桶的盛水量。

对于养殖企业，最大限度地提高生产效率同样是降低投入的手段。就人工草地而言，如何实现既使土地实现最大产出，也不会因为重茬导致土壤微生态体系失衡，是一直绕不过去的坎。养殖企业有的是肥料，包括发酵有机肥，通常也都不缺水。关键是如何实现水、肥、优质牧草种子这些资源要素在有限土地上的最佳组合，在维持生态平衡的基础上，获得尽可能多的产出。因为，那种在人工草地拼浇灌条件和粪肥资源的做法，导致重茬，进而出现病虫害危害严重不得不使用农药的教训太深刻了。

黑麦草和首蓿的套种，没有多么深奥的道理，就是通过栽培工艺的改进，充分发挥和利用两种优秀牧草的生物学特性。收割黑麦草时的践踏，对首蓿生长不构成威胁，翻耕和播种在客观上落实了首蓿栽培中的切根，促使根系向土壤深处生长的目的。同样，刈割首蓿时，黑麦草生长地段要么处于收割之后，要么已经是深耕后的休耕期。二者不但互不干扰，反而会由于空间的调节，改善了采光和通风条件，放大了各自的生存空间，实现了相辅相成。

三、茬作安排和田间运用

种植中按照黑麦草、首蓿"六八行套种"的做法，可取得出人意料的效果。即：从地边开始，顺长地程播种，2 搂首蓿（4 行／搂）之后两搂黑麦草（3 行／搂），依次间隔播种。从而借助于两种牧草的生长特性，实现了首蓿田和黑麦草田均通风良好，各自采光充足的目的。

冬季的首蓿田，休眠中的首蓿为黑麦草腾出了充足的空间，为 6 行黑麦草生长创造了良好的通风和采光条件。

早春首蓿返青时，及时收割的黑麦草，又腾出了首蓿生长所急需的空间，左右通风的首蓿田内，湿度不高，不利于各种病原菌的生长，为春季首蓿的旺盛生长提供了方便。

夏季黑麦草的腾茬翻耕、休耕，改善了首蓿田的土壤透气性，加上条带内疏松土壤接纳暴雨，为首蓿的生长提供了足够的墒情，可见旺盛生长的首蓿秧蔓向两侧扩展，非常有利于单位面积鲜草产量的提高。

到了秋末播种冬牧 70 黑麦草时，首蓿收割完毕，条行清晰，不会影响黑麦草地段的施肥、深耕和播种，反而由于苜蓿的固氮作用，增强了土壤肥力，为冬季黑麦草的充足分蘖、快速生长提供了支持。

四、需要注意的问题

（1）不论多么优秀的苜蓿品种，5~7年时，应翻耕后重新播种。最好是伏天"掩青"。

（2）冬牧70黑麦草根系发达，耐严寒。高于0.5℃时，籽粒开始发芽，田间苗芽开始生长。若欲冬季采集鲜草，应在寒露前后播种，半月后检查套播田，见黑麦草全苗后应及时浇水。春季雨水以后，放水浇灌黑麦草时，应将苜蓿田一并浇灌。

（3）两种牧草都是根系发达的品种，播种前必需施足底肥（发酵有机肥 $6 \sim 8 m^3 /$ 亩，或复合肥 40kg/ 亩）并深耕。

（4）冬牧70黑麦草以秋播为主。地温10℃左右播种时，种子应行拌种处理。为了在播种第二年获得较高的苜蓿产量，可适当加大苜蓿播种量（推荐的瑞雷苜蓿的播种量为1kg/ 亩），机播深度 $3 \sim 5cm$。为便于控制播种量，可同炒熟的菜籽混合均匀后播种。搅拌沙子播种的方法，很难保证均匀播种，应予淘汰。

（5）中原地区的套种田的苜蓿，小雪前后用发酵有机肥（发酵猪粪或发酵鸡粪）覆盖，有利于安全越冬。参照小麦苗情管理标准，达到"旺苗"及其以上的冬牧70黑麦草，可在冬季刈割（苗高50cm 以上）一次。

（6）套种田春、夏收割苜蓿，应把握"现蕾即割"（留茬高度 $5 \sim 8cm$）；秋天的最末一次收割，可待50%以上植株现蕾时再收割。收割后的苜蓿田，次日用发酵有机肥覆盖（ $3 \sim 5cm$）后浇水；前几茬也可施以尿素和磷、钾复合肥，并浇一次透水，以促其生长；末茬必须以发酵有机肥覆盖。冬牧 70 黑麦草在春季可割青 2 次，留茬 5～7cm，收割后 2 天内浇水冲肥 1 次（以氮肥和钾肥的复合肥为佳，10kg/ 亩）麦收前全部收割，末茬齐地面割净。

（7）冬牧 70 黑麦草以利用鲜草为主，青年鹅和种鹅群可直接投喂。末茬含粗纤维较高，最好用作青贮原料。苜蓿鲜草打蔫后同干草混合饲喂，可避免采食过量导致的胀气。末茬可考虑制作苜蓿草捆或苜蓿草粉。鹅群饲喂苜蓿时，前几茬的鲜草以打浆后混入精料饲喂为佳。

（8）黑麦草和苜蓿鲜草的含水率较高，单独或混合后制作青贮时，应使用淀粉、米糠或麦秸、稻草，调整干湿度至"手抓成团，落地即散"状态，以保证青贮成功。

附件 5-2　串叶松香草的栽培管理及在养鹅业中的地位

串叶松香草（*Silphium perfoliatum* L.）是菊科多年生宿根型草本植物。原产于北美洲潘帕斯草原，1979 年从朝鲜引入我国。在我国亚热带、温带各省、区成功栽培。

一、串叶松香草的特性

此种人工栽培牧草之所以被定名为串叶松香草，有两个原因，一是因为串叶，即其茎上对生叶片的基部串联呈杯状，少见的四方形茎从两叶中间贯穿而过，故名串叶。二是新鲜草叶打碎后散发松枝香气味。

（一）串叶松香草的生物学特性

串叶松香草喜温暖湿润的气候，亚热带中纬度地区的沙壤土地段，是其最佳的生长地带，但对恶劣环境的适应性极强。文献中介绍其生命为 15 年，本人的观察，在近北纬 34° 的开封地区轻沙土壤，有浇灌条件可生长 20 年。一旦脱离浇水施肥条件自然生长，15 年后即显长势颓废，3～5 年中自然死亡。

串叶松香草的植株形似菊芋。株高 1.5～2m，但叶片大（最大叶片 25cm×50cm）而无叶柄，呈长椭圆形，叶缘有疏锯齿，叶面有刚毛，当年幼苗和新生芽有 10～15cm 叶柄。越冬后的根盘即有 3～5 个新芽，根盘中间居于主导地位的幼芽起光滑的四棱茎（四楞茎秆可作为鉴别真假的标志），茎上叶片无叶柄，对生，茎叶基部叶片相连。

（二）串叶松香草的栽培特性

串叶松香草可以从根盘上萌发新芽，晾晒根盘时将新生幼芽分开移栽，是适用于已经栽培地区的繁殖方法。远距离引种场(户)，应当用种子育苗移栽。3 年后进入牧草生长旺盛期，其产草量自移栽年度算起，4～5 年进入高产收获期。育苗移栽大田当年无收获，最佳的移栽时机在惊蛰前后。但需要在塑料大棚或玻璃温室内育苗。也可在秋季（10 月上中旬）移栽，但第二年大田牧草的长势和产量不及春季移栽的大田。

无论是种子育苗移栽，或是从莲座根盘分离的幼苗移栽，当年成活的串叶松香草植株不抽茎，根圆形肥大、粗壮，具水平状多节的根茎和营养根。越冬后的根呈莲座状根盘，莲座根盘生长出数个具有紫红色鳞片的根基芽。翌年每棵小根茎形成一个新枝或移栽后的新植株。3～5 年后，根盘直径达 35cm 以上时，以收获牧草为主的大田，应选秋末冬初晴朗天气，刨出根盘就田间晾晒（产草田 3～5 年一次，种子田 5～7 年一次），晾晒 1 周后可分离新芽（或直接分盘），然后移栽或就地重新掩埋。

串叶松香草是强阳性植物，无树木遮挡的空旷大田才能良好生长。抗寒性较强，中原地区当年移栽大田，以有机肥或树叶、杂草覆盖，即可顺利越冬。有报道称可以忍受 -38℃的低温。春季萌发早，雨水后扒开覆盖树叶或有机肥，即可见紫红色的新芽开始生长（非检查不得扒开覆盖的树叶或有机肥，以免伤芽）。惊蛰后生长迅速，5月1日前后，即可收获第一茬牧草（可概括为0℃萌发，早春生长）。

串叶松香草的耐热性也较好，有报道称长江以南夏季日均温32.4℃地区，仍可以安全度夏。中原地区，气温≥30℃时，只要浇灌条件跟得上，依旧可以安全生长。若浇灌不及时，种子田可见茎秆顶端逐叶打蔫、脱水、萎缩干焦；产草大田耐热耐旱性能高于种子田，仅见打蔫和生长缓慢，未见幼苗萎缩干焦。遇到降水或浇灌后，新叶继续生长，逐渐替代干绿死叶。

串叶松香草耐水淹性能优于苜蓿。全株淹没3周的产草大田，退水后串叶松香草迅速恢复生长，而苜蓿恢复生长性能较差，多被杂草掩盖。有报道称地表积水4个月的种子田，依旧可以缓慢生长。

串叶松香草再生能力强，叶片厚实，3年后的大田遮蔽完全，郁闭度达到极限，田间没有杂草。中等水肥条件下，可于5月上中旬、7月上旬、8月中下旬见到根盘中间旺盛株的茎秆生长5～7对叶片（株高60～80cm，最后一次以现蕾但未开花为准，下同）时收割，3次累计产鲜草6～8吨/亩；高水肥条件下，产草大田可在5月初、6月下旬、7月下旬和9月上旬收割4次，年产鲜草8～10吨/亩；高水肥、高管理水平条件下产草大田可在4月下旬、5月底、6月下旬、7月下旬和9月初收割5次，年产鲜草10～12吨/亩。有报道称强光照的低纬度地区，第二年即可收割6次，第三年以后可收割10次，年产鲜草12～15吨/亩。串叶松香草对土壤的透气性要求较高，沙土地（包括轻沙壤土地、沙壤土 pH 值 6.5～7.5）和两合土地生长良好，黏性土壤中的长势和产草量不及沙壤土地。

串叶松香草的耐践踏能力较差，尤其是在幼芽萌生期。收割后的鲜草应在 1 天内运出大田，间隔 2～3 天后的大型装载、运送机械在收割后的草地行走，会损伤萌发的幼芽而影响产草量。

总体看来，串叶松香草是一个喜大水大肥、不耐贫瘠干旱的强阳性栽培牧草品种，具有良好的气候和土壤适应性，非常适于亚热带、温带地区水肥充足的规模饲养场种植。

二、串叶松香草的营养价值及其应用

事实上，从 20 世纪 70 年代末，串叶松香草进入中国后，各地对其研究一直未曾间断。既包括对其营养价值、适应性和栽培技术，以及在畜牧养殖业中的应用，也包括在食品、化妆品原料开发方面的研究。

（一）串叶松香草的营养价值

串叶松香草以其鲜草产量高和粗蛋白含量高被称为"牧草之王"。即使在中原地区，生长旺盛期的串叶松香草，每年每亩人工草地产 10 吨不难实现。植物蛋白的生产效率为每亩土地每年 0.331 5 吨（10×14%×23.68%），至少相当于 18.26 亩大豆（按亩产 500kg 大豆，蛋白质含量 36.3% 计算）的生产效率。

据中国农业科学院畜牧所分析：鲜嫩串叶松香草叶干物质中含粗蛋白 23.68%，粗纤维 8.6%，赖氨酸、钙、磷及各种维生素含量也较丰富。莲座叶丛期干物质中含粗蛋白质 23.6%、粗脂肪 2%、粗纤维 8.6%、粗灰分 19.1%、无氮浸出物 46.7%、钙 3.33%、磷 0.28%。每千克鲜草可消化能 418kcal，可消化蛋白质 33.2g，蛋白质的品质较好（含 17 种氨基酸，且赖氨酸含量多），消化率达 83%。

串叶松香草的胡萝卜素、维生素 C、维生素 E 含量分别为 4.3mg/kg、52.3 mg/kg 和 65.0mg/kg。鲜草中维生素 E 含量与不同的茬作有密切关系，以第一茬最高，第三茬鲜草同第一茬鲜草相比，差异显著。鲜草维生素 C 的含量同串叶松香草的年龄有关，第一年鲜叶含量为 9.85mg/kg，第二年降为 5.28 mg/kg。湖南科技大学刘文海报道，目前已经有研究机构在研究从串叶松香草鲜草中提取维生素 E 等，以生产保健品原料 SOD（现代生物医学进展 2008 第 11 期）。

（二）串叶松香草在畜牧养殖业中的应用

当初引进串叶松香草，就是看中了它的"牧草之王"优势。所以，四十年来的研究，主要集中在畜禽养殖的运用方面，获得的成果主要有以下几个方面。

（1）可以直接或以含有串叶松香草草粉的配合饲料饲喂草食家畜。鲜草可直接饲喂牛、羊、兔。以打浆拌入配合饲料和切碎（长度 40 ～ 80cm）后喷洒 0.2% 盐水的鲜草对牛的适口性最好；切碎后喷洒香味剂对羊的适口性最好；每日喂量为牛 20kg、羊 6kg、兔 0.3kg。作者 1990 年在德国牧羊犬成年母犬和京巴 × 中华土狗的杂交后代成年母狗的饲料中，每日每只添加 20g 串叶松香草鲜草煮熟，饲喂一个月无不良反应。

精饲料含有 30% 串叶松香草草粉的配合饲料饲喂奶牛，可以提高产奶量 1 ～ 2kg/ 天。含有 8% 串叶松香草草粉的精料饲喂肉山羊，获得了比不含串叶松香草草粉的对照组山羊更高的日增重、屠宰率和净肉率。

（2）串叶松香草的鲜草可以直接喂猪，但鲜草打浆和经青贮后打浆拌入精料后饲喂效果更好，每日饲喂量不宜超过 3kg。空怀期母猪饲喂占日粮干物质5%串叶松香草时，母猪膘情和体质良好，并提升了繁殖性能。切碎的串叶松香草替代20%的精饲料饲喂杂交二代野猪（野猪血统75%），获得了比不添加（对照）、替代10%和30%日粮更好的饲喂效果，杂二代不再啃食猪栏、空嚼，日增重、胴体重、瘦肉率均比对照组有显著改善。

（3）青贮串叶松香草可以饲喂家禽。海兰蛋鸡饲喂3年以上的莲座叶丛期串叶松香草晒干叶粉10%和15%替代原日粮中的豆粕（17%）及脱毒棉籽粕（8.0%）时，蛋重显著提升，蛋黄着色明显增强，产蛋量略有所提升（差异不显著），死淘率和饲养成本明显降低。以鲜草打浆后拌入配合饲料的湿料饲喂效果最佳。

（4）尽管曾经有串叶松香草饲养草鱼成功的报道，但作者更倾向于串叶松香草切碎饲养草鱼，以草粉添加进饲料养鱼效果有待进一步观察，结论有待商榷。因为鱼类的味觉敏感度高于哺乳动物。如鱼类对盐的辨识阈值为4×10^{-5}，对糖类味觉辨识阈值为2×10^{-5}，分别低于人类182倍和512倍。而串叶松香草中的单宁（1mg/kg）对于哺乳动物或许不是问题，但对于鱼类或许会成为拒绝采食（草鱼夏花15天）、吞食后吐出（鲤鱼夏花和种鲤鱼15天）的根本原因。而打浆后投入鱼塘（100~150kg/亩）的做法，应该是草浆营养了浮游生物，进而提高了草鱼夏花育成率和日增重。

（5）串叶松香草鲜草含水量高导致直接青贮困难。用于草食家畜的，可通过添加干草予以解决；饲喂猪、禽时，可在草浆中添加淀粉调整干湿度；也可通过收割后凋萎4小时后喷洒甲酸的办法解决。

（6）同一时期不同加工方法的串叶松香草饲喂效果研究表明，鲜草＞青贮＞EM处理＞微贮＞草粉。

三、串叶松香草的栽培技术

串叶松香草可以直接播种，也可以育苗移栽，或从莲座根盘分离幼苗移栽。远距离引种或种植面积较大（超过两亩）时，以种子繁殖为主，育苗移植为好。

（一）预计面积

依据养殖畜禽种类和存栏量预定串叶松香草的种植面积，是实行生态养殖的规模养殖场的基础工作。各类存栏畜禽的串叶松香草鲜草或草粉消耗量，可参照前文参数计算。需要强调的是，冬季无青草产出地区的养殖场，应考虑采用青贮技术，或扩大饲草田的面积，以保证足够的鲜草供给。为了确保供给，避免不同年份降水、光照、无霜期等自然因素对产草量的影响，预定草地面积时，应按草食家畜25%、猪20%、鸡15%预留供给余地（也称供给参数）。

预计面积＝饲草田面积×10 000/存栏数×365×每头（只）畜禽的日消耗量（kg）

人工种草实际面积＝种子田面积＋预计面积×（1＋供给参数）

（二）育苗及大田准备

通常，育苗先于大田准备。因为种子萌发和幼苗生长需要足够的时间，而大田准备，可因人力充足和大型机械的运用而在一周内完成。

1.育苗　育苗应选用当年饱满发亮的草种（以当年细纱布袋包装种子的发芽率为100%，第二年则为68%，第三年不及40%，第四年种子只有18%，第五年种子失去种用价值），在背风向阳处晒2～3小时。中原地区春季育苗应在20～25℃的塑料大棚或玻璃温室内进行。

育苗床应选发酵有机肥（6～8m³/亩）和沙壤土或两合土搅拌均匀做培养基，保持黄墒状态，以备下种。

催芽可从30℃温水中浸种12小时，或35℃浸泡4～6小时，或60℃热水浸泡30分三种办法中任选其一。浸泡过的种子捞出后淋干，育苗时以细沙搅拌均匀（大田直播时用草木灰搅拌）后置于室内3天，见80%以上种子膨胀明显时，即可在育苗床（或营养钵）及大田播种。

育苗床以间隔8cm行距开深3～5cm沟，播种时穴间隔6～8cm，每穴3粒种子，尖头向下插入土壤中，覆盖沙壤土后轻踩压实，以稻草苫子覆盖后淋水浇透。苗出齐后，揭去稻草苫子，每天气温最高时喷水浇灌一次。

若第二年就需要青草，秋季（中原地区以10月上旬为佳）大田播种时，应以株行距25～30cm的高密度定穴。为保"一播全苗"，可间隔30cm开3～5cm沟，播种人员以垂直于行的方向、每人以蹲下后两手能够到的宽度，齐头并进摆播。播种时每穴3～5粒种子，各自覆盖并轻踩压实自己的播种地段。播种结束后喷淋浇透。

高密度定植草地可在第三年秋季间苗，以保证次年的产草量。若第二年不需要青草，春季直播大田，应在幼苗形成两片真叶、第三片真叶露头时，相邻行错对"隔一间一"间苗；秋季直播大田，应在幼苗长出3～4片真叶，叶长20cm左右时，按照春季播种大田的方法间苗，为越冬后莲座根盘扩大预留足够空间。

2. 大田准备 深耕是人工种植串叶松香草大田草地处理的必需项目。深耕前应按照每亩地8～10m³曝气池池泥，或饲养场内舍端沉淀池污泥6～8m³，或发酵有机肥（猪粪、鸡粪均可）6m³以上作基肥，撒布均匀。大水漫灌或雨后2～3天深耕，深耕后应以对角线交叉"锁耙"两遍，再东西向、南北向"通耙"两遍，确保地面平整，"上虚下实三无有"（无茬子草根树根、无石头坷垃、无坑坑洼洼）。

（三）移栽及饲草田的田间管理

选择春季移栽或秋季移栽，要根据各个养殖场的具体情况而定。例如，对青绿饲料的需求程度，地块是否能腾开，育苗条件等。春季移栽和秋季移栽的不同之处在于草苗的大小。

1. 移栽 大田移栽时，选择黄墒时呈东西行开 3～5cm 沟。春季移栽应注意当年春季的气候。若遇到春寒天气，移栽前的草苗应当有 3～5 天的耐低温训练。即在两片真叶长到 20～25cm 且心叶露头后，打开大棚，让育苗床的草苗适应外界较低气温。然后依照大田直播时摆播的方式栽植草苗即可，栽植结束后，应于午后一次性给水浇透。

秋季移栽的好处是可以利用晾晒莲座根盘时分离的幼苗。因为气温逐渐下降，不管是使用育苗床的小苗，还是从莲座根盘分离的小苗，都要大些。通常选择 3～4 片真叶的小苗。

移栽草苗应使用大小强弱一致的壮苗。带土移栽的成活率最高，不能带土时应选择根系完整的苗。栽植时尽可能将苗根伸展，两手拇指和四指对应，以苗根为中心，向下向内用力挤压后再用虚土覆盖。

移栽后 2～3 天，待浇水大田开始逐渐变干（无论春季移栽或秋季移栽，均不迟于 5 天），应巡查成活情况，以便于及时补苗。补苗时应选择比大田苗稍大一些草苗。

2. 大田管理 串叶松香草大田管理工作集中在移栽当年和第二年。春季移栽大田的管理除了补苗，及时浇水、施肥，中耕除草是一项关键工作。因为要使用鲜草喂养畜禽，不主张使用除草剂。人工除草的关键是在苗期锄地，好处是能够把那些躲藏在小苗根周围的杂草苗及时清除，让地力全部集中于串叶松香草幼苗的生长。使用机械除草时，应在机械除草后安排人工巡检，除去躲藏在草叶下的杂草苗。春季移栽的大田，至少要安排两次除草。一次是定植成活后的首次浇水冲肥之后，及时锄地既可以除草，又可以疏松土壤，提高土壤的透气能力，有利于幼苗的快速生长。一次在立秋以后的15天左右，此时锄地，既有除草松土的作用，又可最大限度减少杂草结籽，为下一年度的管理提供便利。

秋季移栽大田的管理工作量稍微小一些。定植成活后的补苗、冲水施肥是必需工作。由于天气逐渐变凉，除草任务相对小些。浇水后如果气温没有降到10℃以下，不论田间是否有杂草，都应该安排一次中耕，以提高土壤的透气性，为小苗在入冬前的生长创造条件。

不论何时移栽，也不论大田或种子田，小雪前后均应封盖保暖。越冬覆盖用肥，要选择发酵的混合肥（猪粪同牛、羊粪混合，或鸡、鸭粪同牛、羊粪混合）。有条件的可以发酵有机混合肥同切碎的秸秆树叶搅拌均匀后全面覆盖，粪肥不足时可逐穴覆盖（以串叶松香草苗为中心、半径为8～10cm的圆面积），厚度5～8cm。

低密度定植（高密度大田密度的1/2）的大田的空隙较大，为避免杂草竞争，可在当年移栽的苗的行间套种紫云英、箭舌豌豆等豆科绿肥，春末夏初压青。

第二年大田管理的主要工作，同样是中耕除草。至少要在春分前后、小满至芒种之间、立秋之后安排三次中耕除草。若第三次除草推迟在白露前后，应把清理的杂草带出田间处理。浇水应视土壤墒情安排，只要记住串叶松香草是喜欢大水大肥的牧草，淹不死、怕受旱，就知道及时浇水施肥的重要性。

三年以后的大田管理相对简单。因为串叶松香草的良好郁闭度，第三年大田内很少有杂草生长。浇水、施肥（主要是浇水时冲肥）和及时收割成为大田管理的主要工作。入冬时的粪肥覆盖是春季高产的基础。每亩地 5 ~ 8m³ 发酵有机肥的顺行覆盖，保证形成高埂，以便于浇水时水流顺畅，对于没有喷灌舍饲的大田管理，是一个省工省时的管理技巧。

3 ~ 12 年的大田，应视莲座根盘的大小和栽植密度，定期（3 ~ 5 年一次）刨出翻晒、分离，以免整个大田根盘连接在一起。翻晒莲座根盘的主要目的，是抑制那些依附于串叶松香草根系的微生物的增殖，维系土壤微生态系统的平衡，为其生长发育创造条件。当然，翻晒根盘还可以检查根系的新芽生长、感染寄生虫、老根腐烂等同产草量相关因素。翻根晾晒时最好使用单铧犁逐行铲翻，需要注意的事项包括：一是从大田的最北面开始逐行翻根，头北根南倾斜摆放，以利于阳光照射。二是翻起的大田禁止动物和无关人员进入，避免践踏莲座根盘。三是组织人工逐个检查，清理浮烂根，分离多余芽头（每墩莲座根盘保留 8 ~ 13 个芽头）。四是整块分离的莲座根盘，应待复位后再行移出。

翻晒莲座根盘的时机应视当年的天气情况决定。寒冬到来早的年份，可在 10 月中下旬进行。暖冬年份可在小雪前完成。翻晒时遇晴朗天气，晾晒 5 日左右，即可将检查整理后的莲座根盘复位；遇到阴天时，晾晒时间可长些。复位应选择无雨雪天气进行。复位后应立即放水浇透，并用拌有切碎秸秆或树叶的混合有机肥逐行覆盖。

3. 收割　　除了最末一茬收割时选择柱头花蕾初现时以外，前几次收割都应选择 5 ~ 7 对叶片时收割。收割时留茬高度 10cm 左右。切碎或打浆用的鲜草，收割后应立即运出田间。即使作为养猪的青贮原料，收割后在田间放置凋萎的时间，也不应超过4小时。收割后晾晒茬口4～5小时，然后再覆盖粪肥，以保证收割伤口接受充分的阳光照射。覆盖应在晾晒后10小时内完成，延时会伤害莲座根盘的幼芽。

（四）种子田管理及种子的采收、储存

种子田的密度不宜太高。定植时每穴种苗占地0.64m^2（80cm×80cm），合每亩地1 000穴左右。生产中，若非专门的种子生产单位，可在伏天后收割3年以上的大田时，间隔一墩莲座根盘留2～3株粗壮茎秆作种用培养，即可收获种子。

白露过后，中原地区的串叶松香草陆续进入种子成熟期。由于种子成熟不一致，所以适时收集非常重要，既可以避免种子飘落，也可阻断种子的营养倒流，维持较高的发芽率。观察时发现花梗变黑，花托和花冠干枯呈灰褐色时，应立即采收，一般间隔2～3天采集一次，上午10时以前采集较为方便，下午采集容易散落。为了改善通风，专门种子田可在采收种子时，清除下部干枯叶片。

收回的种子置于阳光下晒干后，捡去花冠、筛除雄蕊，然后装入透气袋子，悬挂于阴凉通风处保存。

串叶松香草的种子为瘦心形扁平果，褐色，边缘有翅。每个花序有种子13～15粒，千粒重20g左右。良好的种子应该无杂质，籽粒饱满（中下部膨胀明显），黑褐色明显，富有光泽。

四、串叶松香草在养鹅业的应用

民间养鹅多为放牧，由鹅自己选择牧草。对于引进的串叶松香草，鹅没有采食过。虽然网上有少数关于使用串叶松香草养鹅的说法，也未见专家学者认同。截至目前，尚未见到成功使用串叶松香草的报道。所以，能否饲喂，哪些品种、哪个类型、哪个阶段可以饲喂、怎么饲喂，这些问题都有待于探索总结。在没有明确结论之前，规模鹅场最好慎用。打算种植串叶松香草养鹅的农户，应选择成年鹅3～5只实验性饲喂2～3周，确定对鹅无不良影响时再下决心。

科研单位和有关研究机构应当组织力量开展串叶松香草在养鹅方面的应用研究。譬如前述问题，以及鹅为什么不吃，有毒有害成分是什么，能否在育种时运用克隆技术将有害基因摘除等。因为串叶松香草产量高，耐大水大肥，0℃萌发，5℃生长，对解决鹅早春青绿饲料不足有特殊价值，又因为规模猪场的沉淀池废物需要耐大水大肥的牧草加以消耗，不可轻言放弃。

五、总结及注意事项

串叶松香草的根、茎中的苷类物质含量较多，苷类大多具有苦味；根和花中生物碱含量较多。生物碱对神经系统有明显的生理作用，大剂量能引起抑制作用。叶中含有鞣质，花中含有黄酮类。据国外文献：串叶松香草中含有松香草素、二萜和多糖；含有8种皂苷，称为松香苷，属三萜类化合物。说明串叶松香草喂量多会引起猪积累性毒物中毒。目前，中国养殖行业在利用串叶松香草时，采取了早春收割技术，成功地避免了根、茎、花中的生物碱、苷类和黄酮类的危害，是一项成功经验，应该继续运用推广，或者说是在推广应用中必须坚持的技术核心。

附件5-3 饲料桑和紫构的利用

近年来，围绕蛋白质饲料源的开发，科技工作者做了很多尝试。其中，引起社会广泛关注的是桑叶和构树叶在饲料中的应用。

一、桑叶及其在养鹅中的应用前景

桑树是桑科（Moraceae）桑属（*Morus*）多年生落叶乔木。桑树对土壤适应性强，在 pH 值 4.5 ~ 9.0 的土壤条件下均能正常生长，是适宜在温暖地带栽种的植物。桑树分布遍及全国各地，目前我国大面积规模化栽培，主要集中在华东、中南及西南等蚕桑发达地区。桑树枝叶茂密，单位面积产叶量高于杨树叶（51.2%）、苜蓿（37.2%），当然也高于荒漠草原产草量（91.3%）。所以，桑叶是一种有着巨大开发潜力的饲料资源。

（一）桑叶的营养价值及有害成分

桑叶含丰富的碳水化合物、蛋白质、脂肪酸、纤维素，以及维生素和矿物质元素。其木质化纤维极低，粗纤维 8% ~ 15%，可溶性碳水化合物 20% ~ 25%，粗脂肪 5%，粗蛋白质 23% ~ 30%。桑叶蛋白的氨基酸种类齐全，多达 18 种。令科技人员感兴趣的是，桑叶的氨基酸比值系数（SRCAA）较高（69.71），接近猪肉（74）和牛肉（76），构成桑叶蛋白质的氨基酸中，动物生长发育必需氨基酸含量很高，如赖氨酸、蛋氨酸、胱氨酸、谷氨酸等，作为蛋白质饲料源开发应用前景广阔，应该是华夏民族将其作为药食两用植物栽培和桑蚕饲料利用的根本原因。

桑叶的碳水化合物主要是葡萄糖、半乳糖、甘露糖、果糖等单、双糖及多聚糖，其纤维素含量 52.9%，高过蔬菜和水果。脂肪酸构成较为理想，13 种饱和脂肪酸和 5 种不饱和脂肪酸分别占脂肪酸总量的 49.31% 和 43.87%。其中，有益于健康的不饱和脂肪酸含量分别为：亚麻酸（22.99%）、亚油酸（13.40%）、油酸（3.17%）、棕榈酸（3.05%）和花生四烯酸（1.26%），显现出较高的饲用价值和医用、保健营养前景。

桑叶维生素营养丰富，每100g桑叶中含维生素C 30 ~ 40mg、维生素 B_1 0.5 ~ 0.8mg、维生素 B_2 0.8 ~ 1.5mg、维生素 B_5 3 ~ 5mg、维生素 E 30 ~ 40mg，胡萝卜素7.44 mg。韩国学者Kim等曾经报道，从桑叶中分离出9种类黄酮物质，表明桑叶作为饲料应用，具有良好的促进同化作用。有人甚至认为桑叶是所有植物茎叶中黄酮含量最高的叶片。

生物碱是桑叶生物活性物质的又一主要成分。包括芸香苷、槲皮素、异槲皮素，以及芦丁、黄芪苷、异戊烯基黄烷等黄酮类物质。日本学者Asano从桑叶中分离并确立结构的NDJ（1型脱氧野尻霉素），是一种桑叶独有的极性极强的类糖体，据说具有良好的促进肌纤维生成作用，可从侧面解释中华先民选用桑叶养蚕的原因。不同品种、季节、生长阶段收获的不同叶位的桑叶，多酚含量差异很大，野生品种的鲜嫩桑叶含量高于栽培品种。

桑叶的矿物质营养也较为丰富，主要有钾、钙、磷、硫、镁、铁、锰、锌、铜等，其中钾、钙、铁、锰、锌含量明显高于玉米、青绿苜蓿，说明桑叶作为饲料应用，是动物皮毛生长的良好原料。

桑叶中部分活性物质具有抗营养及毒副作用。桑叶中的单宁能与饲料中的蛋白质等大分子物质螯合成不易消化的复合物；与畜禽口腔中的唾液蛋白、糖蛋白作用后产生苦涩感，影响其采食；与畜禽消化道内的消化酶结合，使其失活，减缓饲料的消化吸收速度，降低动物采食量；对肠道微生物具有广谱抑菌作用，并阻止钙、铁等离子的吸收。

桑叶汁含有多种对昆虫等草食性动物有毒的防御蛋白及活性物质，理论上讲，这些物质对动物也具有毒性。研究发现桑叶汁中含有一个56kD的防御蛋白MLX56，使桑叶具有很强的抵御昆虫咬食危害的能力，能强烈抵抗蛋白酶的消化，具有很强的几丁质结合活性。植物的几丁质酶具有明显的抗真菌和抗虫活性，而大量桑叶汁存在较强的几丁质酶和脱乙酰几丁质酶。研究表明，桑叶汁中含有对家蚕以外的对其他昆虫有毒的生物碱类，如DAB1（1，4-二脱氧-1，4-亚氨基-D-阿拉伯糖醇）、脱氧核糖醇（1，4-二脱氧-1，4-亚氨基-D-核糖醇）、DNJ等，均能抑制昆虫体内的糖苷酶活性（Konno et al，2006）。桑叶汁中的防御蛋白及生物碱类等物质对昆虫具有毒害作用，但桑叶汁对家畜家禽是否有毒副作用及有害程度，仍需进一步研究。

（二）桑叶在养殖业利用现状

桑叶含有较为平衡而丰富的营养成分和天然活性物质，作为草食动物的饲料原料，适口性良好，营养价值和饲用价值较高。公开报道的试验资料很多，集中在肉牛和奶公犊的育肥、绵羊和山羊的饲养中。肯定了5%、10%、15%的新鲜桑叶或青贮桑叶在多胃动物的饲养中的积极作用，如对瘤胃微生物群落影响无差异，提高日增重、眼肌大理石花纹明显及改善肉质风味等作用明显。

在猪、鸡等精料型家畜、家禽饲养中运用桑叶粉替代豆粕，饲喂试验效果各不相同。如饲料中用量2%～10%的不同梯度饲喂地方品种鸡和罗曼褐壳蛋鸡，均表现出采食量、产蛋量下降；超过8%时血清总蛋白中的白蛋白、球蛋白明显下降。5%、10%、15%的梯度饲喂海兰蛋鸡试验，同样出现产蛋、蛋重和产蛋率低于对照组的结果。但多个试验单位均报道蛋白浓度增加、蛋黄颜色改善。国外在品种肉鸡和国内在地方品种肉鸡（青脚麻鸡、淮南麻鸡等）饲料中添加桑叶粉后，均报道对改进肌肉品质、加重肌肉红色有明显作用，但对增重速度、料重比无明显影响。

杨静、李有贵、宋琼丽等分别报道了含量5%、10%、15%桑叶粉饲料养猪的实验结果，均表明对增重影响不显著，但共同或分别报告背膘厚下降、背最长肌肌间脂肪沉积增加、不饱和脂肪酸含量提升等改进肉质品质结果，以及屠宰胴体 pH 值下降缓慢等积极效果，表明用桑叶替代部分豆粕，在育肥猪饲养中有实践意义。郭建军等的研究发现，添加 3% 的桑叶粉饲喂繁殖母猪群，能缩短产后发情间隔，提升产仔数、断奶重，以及改善母猪的体质体况，改进母猪奶汁品质。表明桑叶中的类黄酮体对母猪的繁殖性能提升有积极意义。

有人设想利用桑叶粉替代水产动物饲料中的鱼粉以降低成本，但是桑叶中的粗纤维对于鱼类是一大障碍。陈文燕等用发酵桑叶蛋白替代尼罗罗非鱼料中的鱼粉（5%）试验表明，低替代量（40%）时对其生长无明显影响，高替代量（80%）时生长速度明显下降。马恒甲用 5% 的桑叶粉饲料饲喂草鱼，对草鱼的生长发育无不良影响，但 10% 的添加量会明显降低生长速度。有意思的是沈黄冕等的试验，发现添加发酵桑叶饲料能够降低尼罗罗非鱼的血脂和血糖，对维护其良好体质有积极作用。

总体说来，桑叶在动物饲粮中使用量较少，以桑叶、桑叶浆、青贮桑叶饲喂畜禽，或在其常用饲粮中使用桑叶粉，可以部分替代豆粕类精饲料，提升畜禽产品的品质。考虑到机器收割桑枝条粗纤维（烘干后形成的木质素）含量高，以及含有单宁、植物凝集素等有毒有害物质，桑叶在畜禽饲粮中的用量要加以控制。鸡饲粮中 2% ~ 6%，猪饲粮中 5% ~ 8%，牛饲粮中 20% ~ 24%，羊饲粮中 6% ~ 12%。按推荐用量饲喂含桑叶饲粮的畜禽，生长速度放缓但体质增强，肉蛋品质更佳。桑叶与其他原料（如菜籽饼等含有植酸、单宁成分）混合时，应注意其负组合效应。

（三）桑叶在未来养鹅业的地位

桑叶养鹅的报道很少。有人选择 125 日龄的皖西白鹅连续 50

天饲喂使用 5%、8%、11% 桑叶粉的饲粮，试验结果表明，在饲粮中使用桑叶粉后，皖西白鹅的平均日采食量略有增加，日增重显著降低，料重比极显著增加，饲料转化率降低；成年皖西白鹅的屠宰率、半净膛率、全净膛率均高于对照组，其中屠宰率显著高于对照组；用桑叶粉能极显著降低皖西白鹅的腹脂率，对胸肌率和腿肌率的影响不显著。表明桑叶在替代豆粕等精饲料资源中有利用价值，在种鹅的饲养中大有可为。

尽管鹅是草食家禽，但同牛、羊等多胃家畜相比，缺少瘤胃强大的微生物发酵降解能力。因而，借鉴牛、羊、猪、鸡、鱼饲喂桑叶型饲料的经验，选择合适收割时机和方法，尽可能减少桑叶浆或青贮桑叶中木质化枝条的含量，成为保持较高的生物学效价，尽可能减轻对生长发育速度负作用的主要途径。建议规模鹅场采用人工培育的树苗，在新生枝条成长到 9 ~ 12 枚叶片时，收割打浆饲喂，或与黑麦草等禾本科饲料制作混合青贮饲料，作为全价饲料的原料饲用。

无论是新鲜桑叶直接饲喂，还是饲用挤汁桑叶浆，或是饲喂青贮桑叶，用量应控制在 8% 以下。

配制全价鹅料时应注意：一是不使用老桑叶和桑叶烘干粉，二是桑叶蛋白含量不可超过总蛋白的 40%。

二、构树叶、杂交构及其在养鹅中的应用

构树（*Broussonetia papyrifera*），别名褚桃、构树子、谷浆树、构子树等。多年生落叶乔木，高 10 ~ 20m；树皮暗灰色；小枝密生柔毛。树冠张开，卵形至广卵形；树皮平滑，浅灰色或灰褐色，不易裂。树干、枝条、叶柄和树叶受伤后流出白色浓稠汁液，20 ~ 30 分后，汁液逐渐由白色变为黑褐色。构树为强阳性树种，适应

性特强，抗逆性强。

构树具有速生、适应性强、分布广、易繁殖、轮伐期短的特点。其根系浅，侧根分布很广，生长快，萌芽力和分生力强，耐修剪。抗污染性强。在中国的温带、热带均有分布，不论平原、丘陵或山地都能生长。构树叶是很好的猪饲料，其韧皮纤维是造纸的高级原料，材质洁白，其根和种子均可入药，树液可治皮肤病，经济价值很高。

（一）杂交构

杂交构树因其幼苗枝条呈紫色，又称紫构，是中国科学院植物研究所历经十几年潜心研究，采用太空搭载育种、杂交选育等现代育种手段培育，并通过示范验证，在中国大部分地区均可种植的优质构树新品种。有中科1号、中科2号、中科3号杂交构树，杂交构101，杂交构201等。中国科学院植物研究所对杂交构树已经完成的研究，见诸公开报道的有如下内容。

（1）通过对构树不同基因型耐盐生物学研究，包括生长特性、生态学特性和绿化园艺性状等，选育出具高耐盐、生长快、产量高、品种好的构树材料和株系。

（2）通过对耐盐构树大量高效工厂化育苗技术研究，包括外植体、培养基、培养条件、炼苗环境等的优化，确定大量快繁生产工艺，进行苗木繁殖。

（3）通过对滨海盐碱地构树低成本生态绿化种植技术研究，包括不同盐碱地、不同苗龄、不同季节的不同种植模式等的比较和试验示范，为耐盐构树"绿色生态、循环经济"模式提供依据。

（4）所培育的杂交构树可在年降水量300mm以上、最低气温-25℃以内、含盐碱6‰以下的大面积边际土地上种植，当年成林，当年采收见效。

（5）杂交构树含植物粗蛋白25%～32%，而野生构树粗蛋白含量只有18%～26%，杂交构树叶片肥厚，较野生构树丰产。

（6）杂交构树为无性良种组培育苗，可规模化发展深加工产业。

（二）构树叶的营养价值及其利用

构树叶为桑科植物构树的叶。饲料用构树叶包括叶片、叶柄，以及当年新生或收割后萌生的12～14叶枝条。

（1）构树叶的营养价值。中国科学院植物研究所在开发杂交构的过程中，对构树叶的营养价值进行过细致分析，并同首蓿和豆粕进行了比较。

构树叶的蛋白含量26.05%，比首蓿（19.1%）高，没有豆粕（44.2%）高。进一步降解后发现有18种氨基酸。其中同生长发育关系紧密的赖氨酸（1.25%）含量高于首蓿（0.82%），接近豆粕（2.68%）的一半；同生殖活动密切相关的蛋氨酸（0.36%）含量也高于首蓿（0.21%）。构树叶的粗脂肪含量（5.22%），比首蓿（2.3%）和豆粕（1.9%）都高。胡萝卜素含量是胡萝卜的6倍。构树叶粗灰分（15.4%）中富含铁、锰、锌、钴、碘等矿物元素，含量高于首蓿草粉（7.6%）与豆粕（6.1%），说明构树可以在土壤矿物质含量较高的环境中生存，也表明其具有较强的矿物质富集能力，配制饲料时合理利用构树叶，可以减少矿物质元素（尤其是微量元素的用量），对降低配合饲料成本有积极意义。所以，多数营养专家认为构树叶是比首蓿还优秀的蛋白质饲料。

构树叶含黄酮苷、酚类、有机酸、鞣质。构叶提取的总黄酮苷，以90μg/mL，180μg/mL和360μg/mL浓度灌注兔、豚鼠和大鼠离体心脏，能显著抑制心肌收缩力，这种抑制作用可被氯化钙（$CaCl_2$）部分拮抗。在抑制心肌收缩力的同时，伴有心率减慢，并引起心房、心室多发性心律失常，对冠状动脉血流量无明显影响。醇提取物和总黄酮苷对兔和豚鼠离体心房亦有相似的作用，但对心房收缩频率无明显影响（戚亚威等《动物医学进展》2014年4期）。提示在病愈后动物和老龄繁殖动物日粮中饲用构树叶有一定的风险。作者曾经历300g构叶熬煮的汤汁200mL，饲喂成年拉布拉多公犬，30分钟后心力衰竭死亡的全过程。构树叶的丙酮提取物对葡萄球菌有抑制作用。可以尝试运用构树叶煎汁喷淋"脓皮猪"。

构树叶提取物构树总黄酮，对铅、砷中毒的人表皮细胞氧化损伤有防护效果，可降低丙二醛含量，提高超氧化物歧化酶（SOD）、谷胱甘肽过氧化酶活性。提示在铅砷污染严重地区动物的日粮中添加构树叶，有抵御铅砷污染的积极作用。

（2）野生构树叶的蛋白含量因不同树龄差异明显。3年生构树叶的总蛋白和可溶性蛋白均比10年生构树叶的含量高；不同树龄构树叶的总蛋白（36%）和可溶性蛋白（14.8mg/g）以每年的4月含量最高，最后逐月下降，且10年以上老树的总蛋白和可溶性蛋白在冬季下降更快。

（3）野生构树不同树龄的新鲜构树叶的SOD活性差异显著。不同季节采集的新鲜构树叶的SOD活性差异显著，春季最高（270IU/g），冬季最低（为春季的30%左右）。

（4）野生构树的树龄对构树叶的单糖含量影响明显，幼龄构树叶的单糖含量为10年以上老龄构树的40%；季节对构树叶的单糖含量有不同影响，3年以下构树叶单糖含量随季节下降，但差异不大；10年以上构树春季鲜叶的单糖含量较高（0.6%），夏秋略有下降，冬季最低（0.22%）。

（5）辽宁农业职业技术学院的于明、李素杰等在比较当地刺槐叶和构树叶的营养价值时发现，7月、8月、9月三个月的新鲜构树叶的蛋白质含量逐月减少，但在落叶前均在20%以上。同一枝条上1/3新鲜构树叶的粗蛋白含量高于下1/3的叶片，粗纤维和钙、磷含量正好相反。构树叶的单宁含量较高，为改善适口性，可在饲喂前处理（《辽宁农业职业技术学院学报》2012年7月14日卷4期）。

（三）构树叶在养殖业中利用现状

中国人拥有许多饲养家畜家禽的经验，对构树叶的利用历史悠久。事实上，构树叶在灾荒年也曾经是人的食物。但是必须明确，传统饲养业中利用构树叶，对于牛羊兔等草食家畜，都是一种补充，少有全程饲喂的记录。

20世纪50年代就有报道，农户散养猪饲喂生构树叶或煮熟的构树叶，均无不良反应（米允政《畜牧与兽医》1958年5期）。进入21世纪，随着对开发动物蛋白饲料源的重视和生态养殖的兴起，科研单位和养猪企业探索饲喂构树叶养猪的报道很多，被养猪企业和专业户广为接受的是育肥猪群全程饲喂含有青贮杂交构树叶（100kg新鲜构叶浆加入25kg粉料和5~10g糖精）饲料，见诸报道的是采食后育肥猪懒动，很快进入安静睡眠状态，其生长速度和饲料报酬均高于饲喂配合饲料猪群（华中农业大学杨祖达，陈华等2002）。

当饲喂10%的构树叶粉饲养60kg体重三元杂交（杜洛克×长白×大白）猪时，表现为日增重降低（2.06%）、日采食量上升（0.78%）和料重比提高（2.89%）。胴体品质有了明显改善，一是背膘厚显著降低（28.57%），二是眼肌面积显著提高（9.96%），三是肌内脂肪含量和谷氨酸钠含量明显提高，分别提高了20.40%和13.62%。虽然粗蛋白（5.01%）、干物质（5.61%）、钙（15.27%）

及总能（5.72%）的表观消化利用率显著降低，但不影响育肥猪生产性能，对改善肉品质有积极意义（广东海洋大学农学院杨青春等，2014年）。

见诸报道的还有在蛋鸡、肉鸭、肉用鸽、草鱼（均为在制作配合饲料时添加5%的构树叶粉）等方面的应用，均获得了肯定的饲喂效果。

（四）构树叶在养鹅业中的利用前景

尽管鹅是草食家禽，即使有鸡、鸭、鸽子、草鱼饲喂含有构树叶粉饲料成功的报道，作者还是建议规模养鹅企业和专业户，在小规模试喂饲养成功，并评定鹅全净膛或半净膛品质后，再决定是否使用，因为鹅是家禽中对农药及其他营养因子最为敏感的家禽。

（五）构树叶利用中需要注意的事项

（1）放牧中牛羊采食野生构树叶，以及采集野草饲养的兔群，饲喂1～2天构树叶时无不良反应。但规模饲养条件下长期饲喂纯构树叶日粮，或以构树叶为主的配合饲料，会有什么反应，需要进一步观察。屠焰、习其玉2018年在《动物营养学报》发文，"认为杂交构树叶是一种富含蛋白、钙、铁的很好的饲料原料，可以在草食动物日粮中应用"。甘肃省天水市畜牧技术推广站林萌萌等依此理论，选择48只健康萨寒杂交肉羊，分别饲喂3%、9%、15%青贮杂交构（当年鲜构叶及1.5～2m枝条）日粮同含有青贮玉米的基础日粮（玉米、麸皮、胡麻粕、干草、青贮玉米，对照日粮的DE6.46MJ/kg，CP5.52%，试验组DE分别为6.46MJ/kg、6.48MJ/kg和6.49MJ/kg，CP分别为5.84%、6.67%和7.49%），经100天饲喂（10+90），发现一是在青贮玉米和青贮杂交构同时存在时，羊最喜食青贮杂交构，说明青贮杂交构的适口性更好。

二是随着青贮杂交构添加量的增加，肉羊的采食量和日增重逐渐下降，但饲料报酬则逐渐增加。三是随着青贮杂交构添加量的增加，DM、CP、NDF 和 EE 的消化率有降低趋势，说明青贮杂交构树可以作为肉羊日粮中的蛋白饲料，但适宜添加量有待进一步研究。

（2）猪饲喂构树叶，应以当年或收割后重新萌发的未老化（指掐枝条根部即可流出汁液，12 ~ 14 叶片）枝条为佳，可收割后打浆生喂，也可加热煮熟后饲喂。规模饲养猪群，应打浆并经青贮处理后饲喂为佳。日粮中添加量应控制在 3% 以下。

（3）鉴于毒性试验中未发酵野生构树叶对雄性小白鼠的不良影响（睾丸增大、肝损伤）（王雨、武建等《饲料工业》2012 年 15 期），不建议种用畜禽，尤其是种用公畜饲喂含有构树叶日粮。

（4）鉴于构叶煎剂及醇提取物对麻醉犬及羊有显著的降压作用，总黄酮苷以 120 μg/mL 浓度灌注离体兔耳，显著增加血管流出量，呈血管扩张作用，不建议在家兔和猫、狗等宠物饲料中添加构树叶粉或构叶浆。

附件 5-4　正确认识及利用水生和浮生植物

养鹅与水生和浮生植物的相互促进作用，早已被农耕文明发达的中国人民所掌握，在江南的水网地带，这是妇孺皆知的生活常识。但在规模养鹅方兴未艾的今天，探索水生和浮生植物的大面积种植，运用现代科技和工业文明的成果，改进、装备水生和浮生植物栽培技术，使之同规模养鹅、甚至整个规模养殖业的协调发展，成为现代社会文明建设和生态养殖业发展的一项重要内容。

一、重新认识水生和浮生植物的背景

（一）重新认识水生和浮生植物对于人类社会进步的价值

从解决粮食问题、环境污染的治理、蛋白质饲料资源的开发等角度出发，有必要重新认识水生和浮生植物。

（1）水生和浮生植物中的一些品种，可以被人类直接利用。如海带、紫菜、海藻、水浮萍、狐尾藻（俗称鱼草）等，曾经被人类作为蔬菜直接食用，或作为药品开发利用。

（2）水生和浮生植物可以富集水体中的污染物、矿物质（包括常量元素和微量、痕量元素）。需要指出的是，作为基础科学，植物学对水生和浮生植物的研究进展，已经落后于人类社会的生活需求。例如，随着现代科技的发展，许多微量元素已经进入了人们的日常生活，包括部分含有同位素的放射性元素。哪些植物可以用作环境污染指示植物，哪些植物可以用来收集土壤或水体中的过量的矿物质元素，等等，诸如此类基础知识的缺位，影响了人类对自然资源（当然包括水生和浮生植物）的合理利用，也影响着环境治理的进程。

水生和浮生植物中的一些种属，甚至可以作为水体污染指示植物和污染吸纳植物。认识、了解和利用水生和浮生植物的这些特性，将之运用于环境治理之中，对于美丽乡村建设、生态文明建设有着非常积极的现实意义。

（3）水生和浮生植物中的一些种类蛋白质含量很高，是很好的蛋白质饲料素材，将其作为植物蛋白质资源开发，对养殖业的支持作用不言而喻。存在的问题恰恰是人们对于如何利用水生和浮生植物的研究滞后。例如，在养殖业生产发展中，人们宁肯花费巨额外汇购买国际市场的大豆，用来满足生产中的蛋白质原料需求，也不愿意花费力气开发国内的水生和浮生植物的植物蛋白资源。

（二）不负责任地简单了事阻碍了水生和浮生植物资源的开

发利用

20世纪70～80年代，国内曾经有一个水生和浮生植物利用的小高潮。利用水葫芦、水花生养猪曾经见诸报端，问题是发现这些浮生植物繁殖能力太强，极易形成浮生植物封闭河面，进而被当作有害植物予以取缔。现在，回头理智地审视，会发现这些浮生植物之所以能够泛滥到封闭河面或阻塞航道，应该是水体已经受到了相当严重的污染。离开了富营养化的水体，浮生植物不可能泛滥成灾。事实上，在堵封水体污染源头的同时，在水面种植一定量的浮生植物，有利于水体污染的治理。当时的这种简单地取缔在水面种植水生植物的做法，其实质是因噎废食。许多地方禁止在水体中种植浮生和水生植物之后，为了对付受污染水体散发出的恶臭，不得不采取引水稀释的办法，其结果是将冲淡的污染物排向下游，以至于污染了近海水体，形成了多次见诸报端的赤潮事件。

其实，即使是环境治理受到社会广泛关注并取得巨大成就的今天，土壤和水体、大气受到污染的事件仍会不时发生，环境治理任务依然任重道远。因势利导、顺势而为，在水体污染治理中一手抓源头控制，一手抓污染治理应该是一项为时久远的战略任务。而在水体污染治理中，充分发挥水生和浮生植物的指示和富集作用，利用水生和浮生植物的特性为人类创造财富，是一种简单便捷、易于推行，而且一举多得的措施。

二、常见的水生和浮生植物特性及应用

截至目前，本书述及的几种常见的水生和浮生植物，作为一种资源，至少可以作为一种指示植物用于环境污染的监测，是环境中过剩有机物和矿物质的富集工具，还是饲养家畜家禽的饲料

资源。

（一）水花生的特性及应用

水花生，拉丁名 *Alternanthera philoxeroides*，原产巴西，1930年传入中国，生长于海拔 50 ～ 2 700m 地区的池沼、水沟内。水花生又名革命草、喜旱莲子草等，属苋科多年生草本植物。茎基部匍匐，上部上升，管状，不明显 4 棱，长 55 ～ 120cm，具分枝，幼茎及叶腋有白色或锈色柔毛，茎老时无毛，仅在两侧纵沟内保留。叶片矩圆形、矩圆状倒卵形或倒卵状披针形，长 2.5 ～ 5cm，宽 0.7 ～ 2cm，顶端急尖或圆钝，具短尖，基部渐狭，全缘，两面无毛或上面有贴生毛及缘毛，下面有颗粒状突起；叶柄长 3 ～ 10mm，无毛或微有柔毛。花密生，总花梗的头状花序，单生在叶腋，球形，直径 8 ～ 15mm。白色苞片及小苞片，顶端渐尖，具 1 脉；卵形苞片长 2 ～ 2.5mm，披针形小苞片长 2mm；花被片矩圆形，长 5 ～ 6mm，白色、光亮、无毛、顶端急尖、背部侧扁；雄蕊花丝长 2.5 ～ 3mm，基部连合成杯状；退化雄蕊矩圆状条形，和雄蕊几乎等长，顶端裂成窄条；倒短柄卵形子房，背面侧扁，顶端圆形。花期 5 ～ 10 月。

车晋滇在《野菜鉴别与食用保健》（中国农业出版社，1998 年）和《荒野外旅行维生食物图鉴》（化学工业出版社，2014 年）中均将其列为叶菜，表明食用水花生是安全的。也有资料报道用水花生饲喂牛、兔和猪，但作为饲料用植物，对其研究较少。作为药用植物，全草入药，有清热利水、凉血解毒作用，用于早期流行性乙型脑炎、流行性出血热及麻疹病例。

虽然名字叫水花生，其实也分水生型和陆生型。水生型在平均气温 8.5℃即可萌芽生长，陆生型在气温 9.5℃开始萌发，日均温 10.5℃时普遍出苗，开始营养生长。幼苗始有 2 ～ 4 对嫩叶，叶小，紫红色。随着气温升高，生长加快，日均温21℃左右迅速增长，叶面积急剧扩大。

水花生具有强大的生命力，清理不及时会造成河道阻塞或全面覆盖池塘，因而被列为有害侵入植物。其本质是人们陷入了认识误区。如果池塘或河道的水体没有污染，水花生就不可能快速繁殖。董济军、段登选曾在《浮动草床微生态制剂调控养殖池塘水环境技术》（海洋出版社，2017年3月）一书中专门介绍了运用水花生制作草床净化养殖池塘技术。

（二）水浮萍的特性及其应用

浮萍是4属40多种水生植物的统称，广泛分布于国内各地，分别是多根紫萍、无根紫萍、绿萍和芜萍。高温季节，在营养丰富的水面生长迅速，每亩水面年产鲜草可达20～30吨，成簇的浮萍很容易封闭水面，是其被当作有害水生植物的根本原因。事实上，浮萍是一种很好的蛋白饲料资源，据对少根紫萍的测定，风干草粉的粗蛋白含量达30.4%，半风干半烘干草粉的粗蛋白30.5%，发酵后的干草粉30.3%，青贮后的粗蛋白含量最低，也达29.7%（许万祥等，1998）。并且，对畜牧养殖业非常重要的限性氨基酸的含量也很高，赖氨酸含量2.41%，蛋氨酸含量0.57%。应当说，单独从粗蛋白含量和氨基酸组成评价，作为蛋白饲料源，浮萍可以和大豆相媲美。这也是南方水网地区，农民运用浮萍养鱼、养鹅、养猪、养鸡的最基本原因。

新鲜浮萍含有叶绿素、黄酮类（木犀草素-7-β-葡萄糖苷，8-羟基木犀草素-8-β-葡萄糖苷等）、维生素C和B族维生素（维生素B_1和维生素B_2等），以及黏液质（树脂、蜡质、甾类）、多糖（D-洋芫荽糖）、鞣质、醋酸钾、氯化钾、碘、溴等营养成分。浮萍还是一味很好的发汗解表、祛风止痒的中草药，具有良好的透疹、止痒和利尿、退肿作用。

在氮磷营养丰富（氮含量15mg/L）、pH值6.5～7.5的水体（生长范围pH值6～9）中，浮萍依赖叶状体的边缘分生出新子代的营养繁殖方式繁衍增殖，水温高于5℃，即开始生长，并随着水温升高加快生长速度，15～25℃时，为最佳的生长速度，可在2～7天内增殖一代，其生长速度比所有的高等植物都快（以色列大面积试验，每公顷获得干物质36～51吨/年，国内试验，在0.6～1.2kg/m^{2}的水面密度，每公顷干物质产量32吨/年）。

浮萍中含有占干物质2%～4%的草酸钙，比一般的蔬菜水果都高，会影响适口性。不过，当水体中钙离子含量低时，浮萍中的草酸钙含量也随之降低。饲养人员将浮萍置于清水中浸泡，能降低草酸钙含量，是一种简单实用的好办法。

浮萍是养鱼的好饲料，大规格草鱼池塘中使用栅栏隔离出一定的区域种植浮萍，成活率和产量明显提高。国外使用每千克饲料含30g左右干草粉饲喂养殖尼罗非鱼，获得了存活率和日增重最高、料重比最低的结果。

作为鸡饲料蛋白质成分，5%的替代量饲喂蛋鸡，其效果同苜蓿无明显差异，鸡蛋的风味和蛋黄着色改善明显。在肉鸡日粮中，使用5%的替代量，其饲养效果同大豆粕相同，且与对照组相比，其鸡冠和胫骨着色明显改善，体质增强明显。

我国南方的民间，一些东南亚国家，一直都在使用浮萍养猪。如孟加拉、越南等。广西玉林吴慧坚2016年使用发酵浮萍养猪（存栏300头，日粮中70%浮萍），实现了多数猪粪生产沼气，少量粪尿流入池塘种植浮萍养鱼的良性循环。

2000年后，不断有生态养殖方面的报道，其中就有种植浮萍养鹅的信息。目前能够为养鹅界广泛接受的是，水面种植浮萍以无根紫萍为佳,盛产期让鹅自由采食,多余的采用青贮的办法储存。每亩浮萍水面养鹅200～300只。溆浦鹅为我国著名地方鹅品种,其优点可概括为"四高一低": 微量元素(硒、镁、铁、锌等)含量高;人体必需的各种氨基酸含量高;风味氨基酸含量高,肉质鲜美;不饱和脂肪酸含量高;胆固醇含量低。这同地方品种的优良基因和饲养方式有关,更同后天生长中采食浮萍有关。长期以来,溆浦鹅采用传统的自然放牧模式,食物以牧草为主,辅以稻谷、碎米、糠麸、玉米、萝卜等。放牧中,稻田的山叶禾和牛鞭草,河滩、池塘沟渠的浮萍、丝草等,为溆浦鹅提供了优越的自然资源条件。

(三)水葫芦的特性及其应用

水葫芦即凤眼蓝,拉丁名 *Eichhornia crassipes*,又名水浮莲、洋水仙、凤眼蓝、水凤仙,是雨久花科凤眼莲属多年生浮水草本植物。须根发达,棕黑色。茎极短,葡匐枝淡绿色。原产巴西。现广泛分布于中国长江、黄河流域及华南各省区。喜欢温暖湿润、阳光充足的环境,适应性也很强,具有一定的耐寒能力,生于海拔200～1 500m的水塘、沟渠及稻田中。亚洲热带地区也已广泛生长。凤眼蓝在生长适宜区,常由于过度繁殖而阻塞水道,影响水上交通。凤眼蓝曾一度被很多国家引进,广泛分布于世界各地,亦被列入世界百大外来入侵种之一。全草为家畜、家禽饲料;嫩叶及叶柄可作蔬菜。全株也可供药用,有清凉解毒、除湿祛风热等功效。

水葫芦的新根蓝紫色、老根呈黑色,呈须状根分散垂于水体中。分节不明显的实心茎,叶片根出,肾形;6～7片叶片密集于短粗的根茎上呈莲座状;叶柄中部膨大如葫芦状(叶片密集时呈纺锤状),内部为多孔的海绵体,产生的浮力是其能够漂浮在水面的根本原因，也是"水葫芦"名字的成因。穗状花序，6～12朵蓝紫色花，漏斗状花被，雌雄同花，子房上位，果实微小，黄褐色，枣核状。

水葫芦是喜欢强光照的热带（海口）、亚热带（盘锦）夏季植物，13℃开始生长（5～39℃），27～30℃的最适温度区内生长极快，5天即可通过无性繁殖分生出新株，新的植株独立生长（也可有性繁殖，成熟的种子入水后遇到适宜温度时生长出新株），开始下一轮无性或有性繁殖（300颗种子/花絮）。加上其对水质pH要求不高（甚至是已经被污染的水体）的广泛适应性，在亚热带和热带交互的南方受污染河湖中，很容易因其极高的繁殖性能形成单一的建群种，并阻塞河道、掩盖湖面，是其备受诟病的根本原因。

水葫芦对氮、磷、钾、钙等多种无机物有较强的富集作用，对钾的富集作用尤为突出。在现有水葫芦资源化利用方式中，最简易而普遍使用的是用来堆制有机肥及生产沼气，也可直接利用其干粉（或燃烧后的草灰），用作肥料或土壤改良剂。

水葫芦叶片厚实、鲜嫩多汁、营养丰富。据测定，鲜草样本中粗蛋白2.4%、粗脂肪0.72%、粗纤维0.91%、无氮浸出物3.7%（钾、钙、镁、铁及微量元素），以及胡萝卜素和水溶性维生素，必需氨基酸。可作为叶菜食用，也是鸡、鸭、鹅、鱼、猪的优良饲料。将其切碎、粉碎或打浆，拌入糠麸，制成混合饲料或青贮饲料，既能提高饲料利用率，还可杀灭寄生虫。

需要指出的是，水葫芦的叶片无毒无害，是食、药、料三用植物资源，但其根含赤霉素类（gibberellins）成分及N-苯基-2-萘胺（N-phenyl-2-naphthylamine），亚油酸（linoleicacid），亚油酸甘油酯，是主治皮肤湿疹、风疹的中药材，也是制药工业的原材料。作为食物和饲料利用时，不要采集根，通常夏季5～7天收割一次，入秋之后半月收割一次，收割时留茬高度5～7cm。其叶片作为食药两用资源，具有清热解暑、解毒祛湿、利尿消肿的作用。

近年来，随着环境治理力度的加大，许多地方都在探索水葫芦变废为宝的途径。养猪饲喂水葫芦需要打捞，饲养鸭、鹅治理泛滥成灾的水葫芦近年来的报道逐渐增多，影响较大的是河北青年报2016年5月16日报道的河北迁安的养鹅大户马印明，常年存栏2万只的鹅场，通过在池塘种植水葫芦节约饲料消耗，连续9年取得了良好的经济效益。

在南方水网地带，运用水禽清理水面过度繁殖的水葫芦，不但能够节约饲料，更重要的是避免了对河道的侵占和水面的覆盖，为水上交通运输和水体中鱼虾及浮游生物的生长创造了条件。同时，水禽的采食，还避免了自然死亡的水葫芦腐烂溶解对水体的污染。

水葫芦快速增殖和富集矿物质元素的特性，也为净化水体、治理工业废水（吸纳汞、镉、铅等有害物质及某些重金属元素）或生活污水污染（大量的有机质及氮、磷）的水体，开辟了新的途径。尤其是同饲养鸭、鹅等水禽的结合，在作为饲料利用的过程中，消解了水体中的硝态氮，转移了矿物质，实在是一举多得的好项目。也有文献报道，水葫芦还是砷污染的指示植物，在有可能形成砷污染地区，水葫芦又可以作为指示植物，用来监测水体、湿地的污染情况。

三、利用水生和浮生植物的最佳途径

除了前文述及三种常见水生和浮生植物之外，芦苇、菖蒲、

莲菜、荇菜、狐尾藻、殖草、轮藻、金鱼藻、菱、苦草和菖蒲等，也较为常见。但是，它们会因适应性、分布的局限性，以及对水体的 pH 值、水温和海拔高度、经纬度等的苛刻要求，而很少成为优势种，作为饲料资源或治理水体污染的价值，有待进一步研究。所以，尽管人们对三种植物有争议，甚至反感，但从环境治理的大局出发，依然要以其为标本进行分析。

科学研究服务于社会、服务于人民是科技工作的基本宗旨。面对畜牧业快速发展，蛋白质饲料资源紧缺和养殖废水存量大、治理水体污染任务艰巨的现实，综合现阶段科技进步的有关信息，充分发挥水生和浮生植物生长速度快、富集水体和湿地有机物、氮、磷等矿物质和微量元素能力强的特性，在污染严重的河湖港汊地区，运用现代工业装备和科技知识组织生态饲养，有意识地大规模采用水生和浮生植物吸纳、固定水体中的污染物，消耗水体中的有机质和氮磷，以鸭、鹅等水禽和猪消化水生和浮生植物，建立"污染水体—水生植物和浮生植物—水禽和猪—畜禽产品、水体净化"小循环，落实以较少的投资、较少的劳动，变污染水体为资源的水生态环境治理(或称水体非被重视资源开发利用)战略。

（一）在污染源头地区探索积累大面积水体生态治理经验

利用水生和浮生植物治理水体污染是一项新事物，并运用了被社会诟病的水生和浮生植物，需要谨慎行事。因而先期选择江河源头地区的养殖场废水处理系统、下游水体污染严重地区、北方地区养殖场相对集中区域进行试点，总结出三种治理类型的刚性模型，取得成功经验后再行大面积推广。

先期试验单位在利用已经取得的成功经验的同时，还应解决不同地区水生和浮生植物的种植技术，筛选出水体中不同类型污染物阈值所对应的富集植物，总结出水体污染物丰度与水生和浮生植物的种植密度、采集频率和时间的关系，以及水生和浮生植物外溢的控制技术，北方寒冷地带和高海拔的源头地区水生和浮生植物的继代、存储技术等，为指导大面积利用奠定基础。

（二）发挥和利用家畜家禽的亲水性、草食性等生物学特性

能够养鹅养鸭的地方，将养鹅养鸭同种植水生和浮生植物结合起来，是水体生态治理最简单有效的途径，也是降低劳动强度的有效手段，应尽可能设法利用。不适宜鸭、鹅生存的高海拔地区，应把水生和浮生植物的利用，同养猪行业或当地已经存在的草食家畜饲养行业结合起来，以提高水生和浮生植物的利用效率。一时难以完全利用的，可以考虑使用打浆或青贮技术，延长其保存时间，为充分利用或下一环节利用创造条件。

新事物的成长会遇到各种各样意想不到的难题，要有充足的思想准备。以在这个小循环体系的建设过程中，最为简单的养鹅为例，若在寒冷的北方或高海拔的源头地区，就会遇到鹅的季节性繁殖同利用的短期性矛盾，需要解决种鹅常年产蛋、长距离漂蛋和南繁北养、低繁高养等技术问题。需要在实践中不断总结，逐步提高。

（三）水生和浮生植物生长季节性和水体净化不间断性矛盾的处理

对于水生和浮生植物的好光性和高温季节快速生长同水环境治理的不可间断性矛盾，应从不同方面予以处理。

对于养殖场等水体污染物产生源头单位，一是通过建立舍端沉淀池，减少进入曝气池的废物量。二是通过对储粪池的防渗漏处理，避免有害物向地下渗漏。三是高温季节加大向三级处理池的排放量，利用高温季节水生和浮生植物的高效吸纳富集作用集中处理。

源头治理会有效降低江河湖泊水体的污染物存量。但在没有彻底控制源头之前，还要利用不同科属或种类水生和浮生植物对水温、pH值、污染物类型和丰度的要求特性，通过水生和浮生植物植物种类的组合搭配，尽可能延长净化时段。

四、具有饲料源功能的水生和浮生植物的开发

面对工业生产转型初见成效，猪禽的集约化饲养已经具备一定规模，污染治理中水污染治理面临艰巨任务的现实，按照先易后难、趋利避害、顺势而为的原则，合理利用水生和浮生植物的优点，科学地进行综合治理，成为国家和地方政府，以及养殖企业，都必须认真考虑并积极着手实施的重要工作。

（一）制订严格规划，指导种植和养殖的无缝衔接

利用草食畜禽，特别是具有亲水性的鸭、鹅消化环境治理中生产的大量水生和浮生植物，具有显而易见的优势。但是，无论是先期试验，还是大面积推广，都应当做到认真规划，统筹安排，实现无缝衔接，坚决杜绝无计划地盲目引进、种植。因为，能够用于治理水体污染的水生和浮生植物，都具有好光喜热、生产季节相对集中、生长期内增值繁衍迅速的特性，在已经受到污染的水体，或猪禽规模饲养场的一、二级废水处理池中，这些特性尤其容易得以充分发挥。治理中衔接不良，消耗水生和浮生植物畜禽存栏不足，或尚未进入大量饲喂青绿饲料阶段，会造成生产出的几十上百吨水生和浮生植物囤积，甚至腐烂于水中，导致"二次污染"。对于那些处于江河源头地区的养殖企业，必须按照"宁可不够饲喂，也不过量种植"的原则制订本企业的种养计划，统筹安排种草和育雏工作，确保在水生和浮生植物进入旺盛生长期之前，鹅群已完成放牧训练，能够大量采食青绿饲料。

（二）打浆青贮，确保万无一失

即使没有环境治理一票否决的规定，养殖企业利用养鹅介入水体治理时，也要制订鹅群消耗不及时的应对预案。即规划中要有打浆青贮的设计内容，并在水生和浮生植物生长旺季到来前结束施工，试车完毕，以便于消耗不完时落实储存计划。

（三）拓展市场，积极同饲料加工企业合作

本文列出的能够用来治理水体污染的水生和浮生植物，都具有植物蛋白和矿物质元素、微量元素含量高的优点，有能力的养殖企业，应考虑在混（配）合饲料生产中作为原料利用。本企业没有加工能力的，应积极联系饲料加工企业，通过优势互补，向饲料加工企业供应原浆或青贮原料，生产低成本饲料，降低本场生产成本。

（四）借船出海，积极拉伸产业链

充分发挥水生和浮生植物产量高、产品量大、生产阶段性优势明显、收获期集中的优势，同制药、微肥生产企业合作，开发、生产药品和微肥，以及成材林、造纸林、防风固沙林专用绿肥。

（五）群策群力，造福乡邻

消化不及的水生和浮生植物最简单的利用方法是生产绿肥和沼气。养殖企业将多余的水葫芦和人、畜、禽的粪便混合后投入沼气池，加压用水除去沼气中的二氧化碳，就成了绿色天然气，本企业使用不完的沼气免费或低价供应所在地乡邻，有助于密切企业同当地村民的关系，为企业的正常生产提供良好的社会环境。

五、前景展望

水生和浮生植物具有好光喜热，增殖速度快，生物产量高且蛋白含量高，适应性强，以及指示污染和富集水体污染物的能力，作为畜牧养殖的蛋白饲料源和规模养殖场污水处理运用，前景广阔。

　　需要强调，高温季节的快速生长，是某些种属水生或浮生植物赖以生存的本能，也是迅速形成建群种的根本原因。在一些地方的河流湖泊中快速生长蔓延，导致航道阻塞或湖面封闭的根本原因，是水体已经受到污染或富营养化，科学的打捞收集，有利于水体净化，那种因为其高增殖能力而把其当作"有害植物""外来入侵生物"弃之不用的做法，无异于掩耳盗铃。在全社会重视环境治理、养殖场废水处理面临极大压力、蛋白质饲料资源紧缺的背景下，有必要重新认识水生和浮生植物在养殖业中的地位，并加以科学利用。

第六章 常见鹅病的临床诊断及防控

近几年，随着畜牧业结构整体向草食家畜的转变，养鹅业发展迅速。大江南北和中原地区，乃至于塞外坝上，都有规模鹅场的存在。但不可否认的是，由于对鹅的生物学特性和行为学特性研究的滞后，鹅群饲养管理水平同发展速度和存栏规模，存在严重的不适应状态，常见鹅病的鉴别诊断和防控依然任重道远。

第一节 常见鹅病流行病学及临床特征

为了便于临床应用，本节以鹅的生长日龄为纵轴，按照发病次序及鹅群发病频率的高低、危害强弱，依次介绍常见鹅病的临床简易辨识要点。

一、小鹅瘟

该病是由小鹅瘟病毒引起的鹅特有的垂直传播传染病。感染本病的繁殖鹅群可通过种蛋将病毒传染到下一代。本病的临床特征是对 20 日龄前雏鹅危害极大，近年也见于 30 日龄左右鹅群。发病鹅群几乎不见临床异常就突然死亡，病死率差异极大（10%～95%）。育雏舍温度低常常成为暴发诱因，且舍温越低的鹅群病死率越高。

解剖检查病死鹅时，注意寻找小肠充血、小肠淤血，盲结肠内的黏膜脱落，以及形成的栓子。

二、大肠杆菌病

本病是由大肠埃希菌引起的家禽多发传染病，2～6周龄鹅群为高发鹅群，病鹅和染疫鹅是本病的传染源，病菌多通过消化道或呼吸道进入健康鹅体内致病。

临床检查注意仔鹅的脐炎，满月后幼鹅的眼结膜炎、血便型肠炎或带有泡沫稀便，以及成年鹅群内零星不断的羽毛蓬松、消瘦、产蛋量下降。解剖检查可见肝脏表面的灰白色浆膜，以及肝表面零散分布针尖大的白点，严重的腹腔黏膜炎、卵巢的黄色结节、纤维素性心包炎、气囊内特有的黄色纤维素性结节。

三、鸭瘟

本病是由巴氏杆菌引起的禽类传染病。该病的发生同舍内密度过大、群体过大有密切关系，多发于6～8周龄鹅群（鸭群发病较早，可见于4～6周龄）。除了细菌因素之外，鹅群采食不均匀和卫生条件不良导致的体质下降，常常成为群体疫病暴发的原因。

临床检查注意鹅的脸肿胀、上眼睑肿胀，鸭的大头瘟。

四、副黏病毒

本病是由副黏病毒Ⅰ型病毒引起的鹅和鸭的急性传染病，常见于8周龄以上的青年鹅或成年鹅群（资料报道的发病日龄为3～300日龄）。

临床检查注意，病鹅以采食下降、绝食为主要临床表现。

解剖检查可见肌胃内部特有的黑褐色病变，以及腺胃同十二指肠交界处的乳头出血。

五、支原体病

本病的病原是禽类都可能感染的支原体，染疫鹅以上呼吸道炎症为主要临床特征。如咳嗽、打喷嚏、流鼻涕、呼吸加快、张口呼吸等。早春育雏鹅群多发，尤其是密度大且通风不良的潮湿鹅圈，常呈暴发表现。病鹅先流浆液性清水样鼻涕，然后转化为灰白色黏性鼻涕或脓性鼻涕。由于鼻孔阻塞，后期病例多发流泪、眼结膜炎等伴生症状。

临床检查注意呼吸道症状为主症状，"脏鼻子"为突出特征。

解剖检查时，眶下窦充满浆液性或黏性分泌物，气管黏膜充血、出血或兼而有之，肺脏有大小不等发硬的灰白色结节是突出病变。

六、副伤寒

本病的病原是禽类敏感的带鞭毛的沙门氏杆菌，病鹅和痊愈的带菌鹅是疫情的传染源。传播途径复杂是本病最大的流行病学特征，可以通过呼吸道、消化道感染，也可通过黏膜、伤口感染，甚至可以经种蛋垂直传播。育雏舍高温潮湿、过于拥挤的高密度育雏鹅群，此病最容易发生。

临床检查时注意，弱雏多发，拉黄绿色稀便或水样稀便，糊肛门。解剖检查时，可见肠道卡他性炎症；盲肠肿胀，内有豆腐渣样物；古铜色肝，表面有灰白或灰黄色病灶；肝实质内有灰黄色细小病灶。

七、禽流感

禽流感是由 A 型流感病毒引起的多种家禽及野生禽类发病的高度接触性热性传染病，世界动物卫生组织将其列为 A 类动物疫病，我国也将其列为一类动物疫病。各类水禽在各个年龄段均可感染，病死家禽及其污染物均可成为传染源，交易市场和运输车辆在本病的传播中占据重要地位。成年鹅群中以零星散发、较少死亡为主要特征，与鸡和火鸡、珍珠鸡暴发大批急性死亡成为明显对比。雏鹅发病率和病死率也明显低于鸡群。病鹅以高热、绝食、精神萎靡为主要临床表现，或有站立不稳、扭颈、震颤、转圈等神经症状，产蛋鹅的产蛋量下降明显，也可见蛋重明显下降，软壳蛋、破蛋增多。

临床检查时，病死鹅的喙端和趾骨鳞片下淤血，可作为本病的示症性病变。

八、曲霉菌病

本病的病原是自然界广泛存在的各种曲霉菌，以黄曲霉菌和烟曲霉菌毒性最强，临床症状多为这两种霉菌中毒的表现。当然，曲霉菌病还包括灰绿曲霉菌、土曲霉菌、黑曲霉菌、白曲霉菌等引起的疫病。病死鹅常成为传染源。

黄曲霉菌和烟曲霉菌中毒多数同饲料霉变有关，青年病鹅多数表现为关节肿大，产蛋鹅则以产蛋下降为主要特征。其他几种曲霉病多数同地面平养的饲养方式和高温潮湿、过度干燥、高粉尘的鹅舍环境有关，孵化作坊或孵化器污染也可诱发本病（雏鹅脐带愈合不良或脐部肿胀）。通过黏膜侵袭时雏鹅可表现结膜炎和上呼吸道炎症。

临床表现可见流泪、下眼睑闭合，结膜囊内有黄色或灰白色干酪样物，流鼻涕、咳嗽、张口呼吸等。也可见粪便稀薄，初始白色，后转铜绿色，部分鹅伴有双腿麻痹。

解剖检查时，应注意检查胸、腹腔和卵巢、心包，以及肺脏。当发现大小不等的黄色干酪样物（米粒至鸽蛋大小）即可确诊。

九、球虫病

本病是由艾美耳球虫引起的一种原虫病，包括寄生于肾小管的肾球虫和寄生于肠道的肠球虫两种。高热季节多发于南方潮湿地区的地面平养鹅群，日龄越低，病死率越高。成年鹅表现为耐受的良性经过，幼鹅耐过后常表现生长缓慢。

3 ~ 12 周龄的幼鹅感染肾球虫后，常呈急性经过。病鹅精神不振，食欲下降，消瘦，拉白色稀便，病死率可达 80% 以上。20日龄后幼鹅感染肠球虫的临床症状为精神萎靡，喜卧地，消化机能紊乱，拉红色稀便。

临床检查时，注意鲜红色或暗红色稀便现象，一旦发现，结合发病日龄可以确诊。

十、亚硝酸盐中毒

亚硝酸盐中毒多发生于舍饲鹅群，饲喂堆积产热的牧草或菜叶是本病发生的直接原因。采食后 1 小时左右群体发病，病鹅口吐白沫，流涎不止，拉水样稀便，步态不稳，精神沉郁，严重者突然死亡，死亡的多数是强壮鹅时，应该首先考虑本病。

临床注意，病死多数为强壮鹅，病死鹅血凝不良和僵尸不全为示症性病变。

十一、食盐中毒

食盐中毒病因是饲料食盐含量超标（0.5%），多发于饲喂替代饲料鹅群。精神狂躁，频繁饮水，嗉囊肿胀积液，排稀便，步态跟跄，共济失调，最终昏厥倒地，呼吸困难，抽搐痉挛，回望观星，翻肚而死。

临床检查注意，全群狂躁不安和病死鹅的嗉囊肿胀积液。

十二、牧草中毒

牧草中毒多见于放牧鹅群，同草场未经处理直接放牧密切相关。常见的有鹅不食、泽漆、蓖麻、草木樨和紫穗槐、苦楝叶、黄荆叶中毒。鹅不食是鹅的自然克星，放牧时鹅不会采食，人工采集时因不认识误采后混入饲料而致中毒。其他几种有毒牧草，放牧群体适中时鹅也不会采食，只有当群体过大时，落在后边的弱鹅采食后中毒。

临床诊断时，只要注意放牧环境，并不难判断。特点是放牧中或收牧后突然出现臌胀、张口喘气及流涎等神经症状，1小时内无高热突然死亡。病例剖检多见食袋和真胃内胀气，多数病例伴有肝中毒症状。

十三、脂溶性维生素营养不良

维生素A、维生素D、维生素E、维生素K被称为脂溶性维生素，广泛存在于动物的肌肉组织中。鹅是草食家禽，不采食小鱼、小虾、螺蛳和水体中昆虫，也不采食有腥味的饲料。当鹅的日粮中长时间缺乏脂溶性维生素时，会引起相对应的维生素缺乏症。

1. 维生素A缺乏　规模饲养鹅群由于封闭饲养和人工配制饲料，育雏期彻夜不停的强光照环境下，3周龄后，幼鹅群维生素A缺乏症会明显显现，或体质下降，对支原体、流感、副黏病毒等病原微生物易感，甚至对空气中的尘埃也变得敏感。饲喂劣质饲料且24小时不间断光照鹅群2周龄左右会有零星表现，但在3周龄后会出现典型病例。如眼球突出，角膜混浊，流泪，瞎眼。严重的扭颈，原地打转，共济失调后死亡。产蛋期则表现为产蛋量下降。

2.维生素D缺乏 维生素D营养不良多发于全程封闭饲养的大规模鹅群。常常同育雏期光源选择不当有关。如采用荧光灯或镭射灯、激光灯的育雏舍，由于光照中紫外光的减少或缺失，雏鹅无法合成维生素D，4～6周龄雏鹅的瘸腿明显增多。

3.维生素E营养不良 放牧鹅群可以通过采食豆科植物获取维生素E，但全程封闭饲养的大规模鹅群，则可因为日粮中供给量的不足导致缺乏。临床兽医认为，光照正常的育雏群发生的啄羽、打斗，多数同维生素E供给不足有关。

4.维生素K营养不良 临床很少见到典型的维生素K的缺乏症。多数临床兽医认为，翅膀下采血后血流不止，同维生素K营养不良有关。

十四、水溶性维生素营养失衡

水溶性维生素包括B族的所有维生素和维生素C。野草、蔬菜、水果中富含多种水溶性维生素，开始放牧的鹅群不存在水溶性维生素营养不良问题。问题出在全舍饲的封闭鹅群，生长速度高的育雏期多发，营养不良和过剩并存。

1.水溶性维生素营养过剩 临床以排尿增多为特征，频频排泄出极少粪便的尿液，精神状态和采食量均无异常。

2.水溶性维生素营养不良 见于高温季节饲喂存放过久饲料且密度过大的雏鹅群。因缺少的维生素品种不同而呈现不同症状。严重维生素B_1（又称硫胺素）营养不良鹅群会表现角弓反张，出现"观星"症状。缺乏维生素B_2（又称核黄素）鹅群爪干蜷曲，卧地瘫痪，扇翅前行，解剖可见双侧臂关节和坐骨神经节肿大呈灰色，且质地柔软。泛酸缺乏的雏鹅胫骨短粗，精神亢奋，垂头拍翅，掉毛，眼角、嘴角脱皮。维生素PP（又称烟酸）缺乏的症状主要是口炎、皮炎、下痢和跗关节肿大。维生素 B_6（包括吡哆醇、吡哆醛、吡哆胺）缺乏时平滑肌兴奋性下降，消化不良，生长迟缓。维生素 B_{12} 缺乏时造血机能下降，常表现出颜面和皮肤苍白等贫血症状。

第二节　鹅病临床诊断基本方法

鉴别时要求技术人员熟练掌握各种常见病的临床症状，以及将现场观察到的各种信息进行去伪存真，分析气候、饲料、环境、管理等因素同症状的关系，进而由表及里，去伪存真，找到病因。

一、从大类划分入手

从大类划分入手，弄清楚是传染病还是普通病，是临床鹅病诊断基础工作。传染病有典型的潜伏期、前驱期、明显期和转归期四个阶段，鹅的普通病不论是营养病还是中毒病，亦或是管理、环境不良引发的管理病、环境病，都很难有完整的四个阶段表现。

二、从发病日龄入手

鹅的某些疫病的发生，具有典型的年龄段。譬如小鹅瘟是垂直传播的疫病，发生于 20 日龄内鹅群；鹅副黏病毒病是乙型传播疫病，发生于 3 ~ 90 日龄鹅群（多发于 25 日龄以后）。所以，遇到周龄以内的仔鹅群传染病，首先考虑的是小鹅瘟，然后才是鹅副黏病毒病。

由于特殊的传播途径，有些鹅病临床表现出明显的年龄段特征。如球虫病，病原体经由粪便传播，幼鹅若是吃不到粪便，几乎不可能发生。那么，地面平养鹅群，密度很大，粪便清理又不及时，就有可能在 10 ~ 15 日龄暴发本病。

那些原本不是以鹅为主要宿主的疫病，如鸭瘟、禽流感，尽管会导致鹅群发病，但是需要足够的时间。所以，遇到月龄前的鹅群传染病时，如未见到示症性病变，一般不予考虑。

日龄紧密相关的是生理状态，肉仔鹅最多是未产蛋的青年鹅，很少有钙营养不良表现，产蛋鹅则容易发生此病。

三、从发病季节入手

夏季的高温和潮湿、暴风雨可导致热射病、中暑、体表寄生虫及风热感冒等。暑期的高温高湿为病菌的繁殖提供了方便，饲料霉变较为常见，霉菌中毒和传染病多发。冬季的寒冷对于那些鹅舍简陋的鹅群不利，暴风雪后常发风寒感冒。这些因素，临床诊断时应予考虑。

四、从流行区域入手

尽管目前流通方便，动物疫病的区域性特征渐趋模糊，但是，对于肉仔鹅饲养，仍然具有参考价值。因为那些能够垂直传播或混合传播的疫病常常以孵化厂（室）为传染源，从而导致某些传染病的区域性特征。

五、捕捉示症性病变

某些疫病具有明显的示症性病变，这为兽医现场确诊提供了可能。因而，现场诊断或解剖检查，应围绕怀疑的疫病寻找示症性病变，为确诊或排除提供支持。

第三节 循症索源，辨析病因

兽医诊断鹅病的过程，实际就是从鹅的行为、习性和生产性能的改变，临床症状和剖检病变，追踪辨析，追溯病原的过程。因而，除了现场观察和剖检，仔细观察鹅群的细小变化，询问饲养人员，翻阅生产记录，以及追溯雏鹅来源，都是有效的辅助手段。既往病史和用药（疫苗）记录，尤其应当仔细审阅和询问。

辨析过程中最常见的两种情况，一是"一症多病"，二是"一病多症"。前者考验兽医诊断的细致和缜密程度，后者考验兽医的信息量和熟练程度。

（1）季节病主要表现在育雏期。早春育雏常见的是育雏舍温度太低，雏鹅中的弱雏直接死亡，而强壮雏鹅以受寒、拉稀便为主要临床表现；其次是采暖方式不当的 CO 和 CO_2 中毒。夏季育雏的主要问题，是育雏舍散热不良导致的热射病。

季节变化对成年鹅的影响，首先是在寒冷和高温季节发生采食量和产蛋量的升降；其次是高温季节的寄生虫病、传染病、霉变饲料中毒；最后是寒冷季节青饲料不足的营养病。

（2）发病率和病死率较高时，多数同中毒病、传染病有关，二者的区别在于病程的长短和临床表现的差异。中毒病的突然大批无症状死亡，以及流涎、神经症状、异常气味、无体温升高等特有症状，使其同传染病的区分并不困难。发病率和病死率较低时，多数同营养病、寄生虫病、非烈性传染病有关。

（3）病程长短、发病率、病死率几个指标，对于临床鉴别中的意义，在于帮助兽医排除中毒病，确定传染病或营养病，以及确定治疗的预后情况。

（4）个体精神状态、行为特征、生理性能和生产性能的异常，常预示着病理状态。群体内大多数出现精神萎靡，以及行为、生理、生产性能异常，常常是中毒或传染病的明显期。

第四节　常见鹅病处置的一般原则

以防为主，防重于治，养重于防，是养猪人几十年风风雨雨对抗疫病的经验总结及智慧结晶。鹅是草食家禽，对环境的适应能力较强，少有疾病，有限的几种传染病大都有疫苗可用。但对集群性、合群性较好的鹅来讲，防控疫病的基本功，仍然是培养个体和群体的非特异性免疫力，尽量不让鹅生病，而不是得病以后的治病。而要让鹅不生病或少生病，就要创造适合鹅生长发育的基本条件，在日常饲养管理上下功夫。毫无疑问，鹅场和养鹅户应当借鉴养猪人防控疫病的经验。

一、营养病的处置

确诊缺少某种营养时，就采取针对性的补充措施。需要注意的是在补充金属元素时，应适当投喂清热解毒、疏肝健胃的中兽药，或电解多维；而当某种营养过剩时，最有效的办法是降低日粮中对应营养的供给量，同时加大饮水中电解多维的供给量。

二、中毒病的处置

鹅是敏感性极高的家禽，对空气中和饲草饲料的有害物质反应灵敏，发生中毒病的概率高于其他家畜家禽。

1. 空气中毒　对于育雏中多发的 CO 和 CO_2 中毒，首要的工作是改进通风条件，恢复育雏舍正常的氧分压。已经昏死的雏鹅置于室外通风处，会有部分复苏。饮水中添加大剂量电解多维，是加快痊愈的有效手段。

2. 农药中毒　对于确诊的中毒病例，病例较少时，可以在使用解毒药之前，通过嗉囊解剖手术，直接清理嗉囊有毒物，冲洗后缝合即可。当然，对于大群病例，寻找针对性解毒药仍然是重中之重。

3. 黄曲霉菌毒素中毒　停止饲喂霉败变质饲料，直接投喂抗黄曲霉毒素的西药，饲料中添加舒肝利尿中兽药，中西医结合的疗法效果确实可靠，应在实践中推广应用。

三、传染病的处置

遵从《中华人民共和国动物防疫法》的有关规定，是每一位兽医和养鹅人的义务和常识。亲临现场的兽医，只不过是通过临床表现及病死率，采集样品的分析结果，确定传染病的类别，从而采取相应措施。

附件 6-1　小鹅瘟的临床症状及预防控制

小鹅瘟是一种对养鹅业危害极其严重的疫病，以急性、亚急性败血症为主要特征，以渗出性肠炎为主要病变，以感染 3～20 日龄（极少数鹅群可见到 30 日龄）雏鹅为流行特征的疫病。对于新的养鹅地区或场（户），该病的防控水平高低，是决定养鹅成败的关键，或者说是首要因素。

一、临床特征

同其他家禽疫病一样，小鹅瘟也有独特的临床特征。该病的最显著特征是危害雏鹅。

1. 3～5 日龄雏鹅　发病日龄越低，临床症状越不明显，越像禽流感那样毫无征兆地突然大批死亡（30%～75%）。因而，常常会误以为是弱雏对饲养环境的应激，或怀疑中毒病。死亡率的高低，确实同育雏舍温度过低、密度过大、水槽和料槽不足、光照不均匀等基础条件、管理因素密切相关。

2.5~7日龄雏鹅 5~7日龄雏鹅染疫后，常出现精神不振，缩脖戗毛，食欲下降或绝食，频频饮水，一侧或双侧翅膀无力下垂，拉灰白色带有黏液或黄绿色带有气泡稀便。有时可见部分病例卧地不起。当出现侧翻或两脚朝天时，大多在3~4小时后死亡。病死雏鹅的喙端和趾蹼呈紫色，病程短，死亡率高（40%~65%），是此日龄段该病的特有临床特征。

3.7~10日龄雏鹅 7~10日龄雏鹅发病症状与5~7日龄的症状相似，但病程加长，大多在12~48小时死亡。剖检典型病例，可见心肌灰暗略显苍白，肝脏淤血肿大，小肠内充满气体，充血明显呈鲜红色，小肠中、下段成片脱落的坏死性黏膜同纤维素性渗出物形成的栓子，滞留于回盲口上5~15cm处。剖检时见到充满气体的血红小肠，即可初步确诊。

4.10~20日龄雏鹅 10~20日龄雏鹅发生本病时，病程更长，大多3~4天，并且死亡率较低日龄雏鹅低些，大多在30%~50%。病程2天以上的病例剖检时可见小肠中、下段明显膨大，较正常小肠粗大2~3倍，质地坚实如香肠状。临床剖检时，见到此特征，或小肠膨大不明显，但在回盲口以上小肠段触摸到堵塞栓子，结合病死率和病程，即可确诊。

5.20~25日龄雏鹅 20日龄以上雏鹅发生小鹅瘟，虽然见诸报道，并认为小鹅瘟的感染日龄有明显上升趋势，但在中原地区临床极为少见。

6.成年鹅 成年鹅感染小鹅瘟后，一般不表现临床症状。但可经鹅蛋将病毒传递给下一代，即垂直传播。

7.其他家禽 中原地区番鸭饲养场也有小鹅瘟发生，上限日龄升高至30日龄，其症状及流行病学特征与鹅群相似。

二、预防措施

自然感染后自行痊愈的母鹅，以及经过人工免疫接种的母鹅群，能够将抗体经种蛋传递给下一代。这是南方养鹅地区普通民众都知道的规律，只不过农民的说法与专家不同罢了，"当年发生过小鹅瘟的鹅群，下一年不会发生小鹅瘟"。所以，预防小鹅瘟的最佳办法，就是给种鹅群接种小鹅瘟疫苗。

生产实际中，由于种蛋来源的不一致，以及孵化室消毒不严格，经由种蛋的水平传播，成为鹅群发生小鹅瘟疫情的一个重要原因。所以，规范种蛋生产管理，确保种蛋来自免疫确实的种鹅群（开产前30天左右，种鹅群按照0.1mL/只接种疫苗，90天后再次接种），以及加强孵化室的规范管理（每一批种蛋非经消毒不得进入孵化室，每周消毒一次孵化器，来源不清种蛋的雏鹅，出雏48小时内接种鸡胚或鸭胚继代的小鹅瘟弱毒疫苗），成为从源头控制小鹅瘟的重要工作。

对于那些种蛋来源不清楚或游乡销售的雏鹅，3日龄内注射小鹅瘟抗体血清（1日龄：0.3～0.5mL/只，2日龄：0.5mL/只，3日龄：1mL/只，超过3日龄：1mL/只，但需在7～10天后加强注射一次1mL/只），成为预防疫情的唯一手段。

三、临床处置

20日龄以下鹅群，突然发生不明原因的无症状大批死亡，即应剖检确诊。对确诊鹅群，应采取如下措施。

1. 隔离消毒　确定感染小鹅瘟后，应立即划定并封闭隔离区，禁止人员流动，医疗和饲养人员进出隔离区均应严格消毒；使用百毒杀对隔离区内的圈舍、器械喷雾消毒。

2. 查找病因　小鹅瘟的发生，常常同育雏条件简陋和饲养管理粗放有关，只有在排除诱发因素后进行的治疗，才能获得理想的预后效果。譬如温度过低、光照不均匀、饲料营养不良（蛋白质含量低、矿物质元素营养不良）、水温过低、密度过大等。

3. 治疗病鹅　治疗小鹅瘟的最有效手段，是对病鹅肌内注射小鹅瘟抗体血清（视体重和日龄 1～2mL/只，每日 1 次，连续 2～3 天）或高免卵黄（按说明书使用）。购买不到小鹅瘟血清或高免卵黄时，可考虑使用干扰素（参考本书第六章附件 6-2 干扰素在鹅病防控中的应用）。

也有人推荐用中药治疗小鹅瘟。参考处方一是清瘟败毒散（石膏 120g、地黄 30g、水牛角 60g、黄连 20g、栀子 30g、牡丹皮 20g、黄芩 25g、白芍 25g、玄参 25g、知母 30g、连翘 10g、桔梗 25g、甘草 15g、淡竹叶 25g，每日一剂，煎熬三遍混匀，掺入饮水中供 60kg 雏鹅饮用）。参考处方二是板青散（板蓝根、大青叶、黄连、黄柏、知母、穿心莲各 50g，鲜白茅根、鲜马齿苋各 500g）。

作者更倾向于中西医结合治疗的办法。因为各个养鹅场的具体情况不同，必须由兽医人员现场确诊后，才能明确多种病因的主次，才能辨证施治，制定针对性方案（参考本书第六章附件 6-3 中西医结合治疗黄曲霉毒素蓄积诱发的小鹅瘟）。

4. 善后处理　深埋病死鹅，病死鹅要用消毒剂覆盖（如三氯异氰尿酸钠、生石灰等）后，再覆盖浮土。

附件 6-2　干扰素在鹅病防控中的应用

近年来，随着规模养鹅的快速发展，鹅病的预防控制引起了动物疫病预防控制部门，尤其是一线防治兽医的高度重视。尽管同蛋鸡相比，鹅病的种类相对较少，但是，小鹅瘟、鸭瘟、副黏病毒等烈性疫病的发生，同样会导致毁灭性疫情，并且随着"限抗"（限制抗生素的简称，下同）的进展，迫使一线兽医不断探索对病毒性疫病的控制办法。当然，客观方面也同国内生物科技的进步有关，生物工程产品不断上市，"干扰素（interferon）"在养鹅领域应用也是水到渠成的事情。

干扰素是 1957 年由英国生物学家 Alick Isaacs 和瑞士研究人员 Jean Lindenmann，在利用鸡胚绒毛尿囊膜研究流感干扰现象时发现的，是一种参与体液免疫的多糖与蛋白质结合物，进入鹅的身体以后，可以促进 T- 细胞的分化、成熟和增殖，刺激细胞产生抗病毒蛋白，进而阻止病毒的复制。因干扰素参与体液免疫，显示出免疫的多效性、高效性和反应速度快等特性。作用于鹅免疫系统的多个效应因子，可增强免疫功能，并对多种抗原均有增强作用，备受临床兽医青睐。作者从自己临床实践，以及接受指导的其他兽医的临床实践中，获得了相当满意的效果，总结如下。

一、干扰素的种类

临床曾经使用的干扰素可以分为两大类。一类是纯粹的干扰素，一类是使用后能够产生干扰作用的单体或复合制剂。前者常见的有白细胞介素、疫康泰，后者曾在市场见到的有百加、排异肽等。白细胞介素是以大肠杆菌和酵母菌为材料，运用克隆技术制成的一种微红色生物制品，主要成分为白细胞介素 -2，英文名称 white cell interferon。疫康泰是一种无色透明液体，主要成分是猪基因工程 α 干扰素（目前已知有 α、β、γ、ω 4 种干扰素，运用较多的是 α - 白细胞型、β - 成纤维细胞型、γ - 淋巴细胞型），英文名称 Recombinant pig interferon。百加是一种复合型生物产品，主要成分为干扰素诱导剂和细胞转移因子，应该归入干扰素诱导剂。排异肽是一种微黄色液态生物制剂，主要成分为淋巴细胞释放的能够转移免疫致敏信息的因子（γ－干扰素），叫转移因子似乎更为贴切，英文名称 Active Polypeptide Solution。

因为兽药管理制度的不断修改，曾经进入市场的干扰素目前已经销声匿迹。但是若真的需要，市场营销人员会帮助找到，不过，找到的已经有了黄芪多糖注射液、杨树花注射液、植物凝集素、蜘蛛毒素等新中药或生物制品名字，仔细询问，营销人员会告诉其真实成分。

二、干扰素的使用

鉴于鹅的病毒性疫病种类相对较少，不主张 3 日龄内的雏鹅使用干扰素，也就是说，对付小鹅瘟时，小鹅瘟抗体仍然是首选。

遇到已经排除小鹅瘟的病毒性疫情时，对假定健康鹅群紧急注射干扰素（按照产品说明书要求的剂量和方法注射），1 次即可。结合消毒、隔离、饮水中添加维生素，可以有效避免疫情的扩展，是花费最低、损失最小、效果最佳的办法。对于已经精神萎靡、拒绝采食但能够走动、饮水的病鹅，按照"每天 1 次、连续 2 天"的方法注射干扰素（个别严重病例可在间隔 2～3 天后，再注射 1 次），多数病鹅可于一周内痊愈。

鹅群发生细菌性疫病时，不建议使用干扰素。

三、注意事项

尽管饲用干扰素具有用药量小、在体内消失快、作用期长和无药物残留、无抗药性等优点，但也不能滥用。因为干扰素毕竟是一种多糖蛋白，这种蛋白对于鹅来说，是一种异体蛋白，异体蛋白进入机体后,排异反应是临床使用时不得不考虑的问题。并且,不同企业的生物制品,或不同批次的生物制品,杂质含量难以保证始终处在同一个水平。而杂质含量的高低,又常常是临床变态反应与否,或反应强弱的关键因素。如白细胞介素中就有可能存在粉碎的红细胞或血红蛋白,使用中曾经有过因杂质含量过高引起强烈过敏反应的案例。再次,鹅群若非无特定病原个体(SPF),则有可能发生生物安全事故。因而,使用干扰素一定要谨慎。对于病毒性疫病威胁相对较轻的鹅病控制,不是病毒性疫病,非到万不得已,不使用干扰素。

(1)坚持使用有兽药批准文号的干扰素。不得不使用没有正式批准文号的干扰素时,才尝试使用正规科研单位或大型生物制品企业的中试产品。使用中试产品时,注射后3小时内,临床兽医应认真观察,及时处置过敏反应,详细记录临床表现。

(2)使用前对干扰素产品进行认真检查,注意生产日期和有效期,注意保存条件。不使用变色、沉淀、包装破损,以及未按照产品存储要求保存的产品,不使用超过保存有效期的产品。

(3)使用冻干产品时,解冻后应自然升温至25~35℃,并每瓶添加一支(1mL)地塞米松,混合均匀后注射,以减少过敏事件的发生。

(4)使用含有转移因子的产品时,应在3~5天后接种疫苗。并注意只用于接种疫苗3天后的鹅群。

(5)临床体温下降病例、脱水病例和过于弱小病例,慎用干扰素。

(6)雏鹅群使用干扰素需要扩大体积时,应使用医用生理盐水扩大稀释。

附件6-3 中西医结合治疗黄曲霉毒素蓄积诱发的小鹅瘟

目前，小鹅瘟依旧是危害鹅群健康的头号大敌，运用中西医结合的办法，提高小鹅瘟病例的临床处置效率，是目前养鹅规模化的迫切需求。现介绍作者运用中西医结合方法处理黄曲霉毒素蓄积诱发小鹅瘟的体会，供行业内同仁参考。

一、基本情况

2015年早春，河南省尉氏县某农场购进朗德鹅父母代雏鹅1 100只，采用人工地下火道和电热毯相结合的供暖方式育雏，舍内温度严格按照技术规程操作，35℃开温，每日下降0.5℃，3周龄脱温。雏鹅进场第2天全群注射了小鹅瘟抗体血清（1mL/只），10日龄前，一切正常。10~15天，陆续出现拉稀、白色黏性稀便、水样稀便病例，每天早晨可见3~5只死亡雏鹅，病情呈逐渐上升趋势，至21~24天，病情加剧，每日捡拾出的病死雏鹅达100只左右，至接诊日（2015年2月25日）已经死亡484只，直接经济损失7.26万元（150元/只，不包括已经用药和饲料消耗）。期间，曾经按细菌性肠炎投用喹诺酮类西药，也按流感处理过，均未见明显效果，死亡数持续上升。

二、临床检查

因远程诊断，户主仅带6只病死鹅和1只病鹅求诊，群体表现以问诊为准，临床检查后，解剖了6只样本。

病死鹅严重消瘦，体重1~1.5kg（发病前已达2kg）。被毛无光泽，脏污凌乱，被踩踏痕迹明显，闭眼，嗉囊无饲料。腿胫干燥呈灰白色、暗灰色。病鹅和死亡鹅均见肛门周围粪污。

病鹅两眼有神，反应灵敏，被毛无光泽、凌乱，体温40.4℃，腿、胫和蹼暗灰色，嗉囊空但是有采食饮水欲望，眼、鼻、口周围干净。

三、剖检病变

剖检的6只病死鹅，均见肝脏肿大，有不同程度的条状、斑块状淤血，质地柔软；胆囊充盈，充满胆汁。6只病死鹅胸腔卡他性炎症明显，肺脏充血鲜红，3只有轻微的片状出血。心脏肥大，淤血充盈，未见其他明显异常。2只在心包膜，3只在胸腔浆膜与胸壁间，见到小米粒至绿豆大小金黄色干酪样物。小肠空，紧缩。脾脏、胰脏、盲肠无明显异常。肾脏暗红。直肠充盈，内壁充血鲜红，3只有少量黏性脱落，1只在腹腔浆膜壁层同小肠间见花生豆大小黄色干酪样物。肌胃外表无异常，鹅黄极易剥离且质地脆弱，均无完整剥离。

四、讨论分析及诊断结论

初步诊断认为，此起疫情为饲料黄曲霉毒素蓄积中毒诱发的小鹅瘟疫情。

发病鹅群因黄曲霉毒素蓄积中毒致使抵抗力下降，群体内强壮个体采食量大，蓄积表现强烈，因而从强壮个体开始出现稀便症状，肝中毒后胆汁分泌机能亢进是直接原因。

大量胆汁进入小肠后，破坏了肠道微生态体系和酸碱平衡，是临床稀便症状在群内蔓延和患病个体病情加重的主要原因。

肠道酸碱平衡的破坏引起肠痉挛，形成胆汁倒流。进入胃内的胆汁又打破了胃内的酸碱平衡，致使胃痉挛而形成食欲下降、绝食，全群采食量急剧下降。

群体体质下降，为小鹅瘟病毒的大量增殖创造了条件。因为 3 日龄内注射了小鹅瘟抗体血清，在典型病变（肠道栓子）尚未形成时，即因体质衰弱而被踩死。所以，死亡病例虽然有肠道炎症，肠道内黏膜虽有轻微脱落的小鹅瘟症状，但并非群体大批死亡的主因。

五、中西医辨证施治及处置效果

本起病例的处置中，运用了中西医结合手段，辨证施治，将中药扶正和西药控制炎症作为主要应对手段，实施"釜底抽薪"和"扬汤止沸"，取得了理想效果。

1. 处置方案　此群雏鹅从 10 日龄开始发病，21～24 日龄进入死亡高峰，说明群体体质已经非常虚弱，举升正气、恢复群体体质，为采取其他抢救措施创造条件是当务之急。其一，使用具有强心、益气、健脾功能的改进型补中益气散（即人参强心散）5g/ 只，等分后 3 天用完（沸水浸泡 30 分后自然晾凉，饮水和拌料同时进行），作为前 3 天的首选措施。其二，肌内注射大剂量的头孢喹肟（10mg/kg 体重），控制肠道、肺脏的继发性感染，作为抢救性治疗手段（全群注射后，未痊愈鹅第 2 天再次注射 5mg/kg 体重）。其三，当天全群更换饲料。其四，更换饲料 3 天后，在饲料中添加制霉菌素（1 片 /60kg 体重），实现了病因方面的"釜底抽薪"和"扬汤止沸"并举。其五，当天开始，在饮水中添加大剂量的电解多维，以保证鹅体发热高速代谢状态下合成酶所需的大量原材料供给。其六，更换舍内灯泡，确保光照均匀，避免光照不均匀导致的挤压，尽量减少管理因素引起的踩踏死亡。

2. 辨证施治　在制定处置方案时首先考虑的是大群体质的恢复，制霉菌素的使用应缓行。鹅群体质的迅速提升，既是避免疫情蔓延的必要条件，也是为后期用药奠定基础。先期使用中药的目的是强心健脾、益气扶正，"正气内存，邪不可干"。若直接使用制霉菌素，则有可能因体质太弱而致使肝肾功能崩溃而增加死亡量。

当然要去除病因。不过，使用的是更加温和的办法，即第二项措施：更换饲料。此种"釜底抽薪"措施最为经济，也无副作用，是去除主病因的首选措施。

3天后，随着正气的提升，群体体质有了恢复，鹅群有了一定的耐受力，再往饲料中添加制霉菌素（第三项措施），加快毒素的排解，是加速恢复体质的补充措施。第四项措施，实为补正之举。显然，此处置方案的实施前提，是基于对疫情的整体认识，对蓄积中毒已经10天、鹅群的群体体质虚弱的基本把握。

3.治疗效果　实施处置措施后，鹅群疫情的发展得以有效控制，每日死亡量迅速下降，2～7天共死亡雏鹅101只，第8天停止死亡，第10天采食量恢复正常。

六、体会及建议

此起疫情的过程和严重危害表明，小鹅瘟依然是规模养鹅的头号疫病。采购雏鹅时应先行购买小鹅瘟抗体血清。否则，宁肯不购买雏鹅。本群种鹅若非3天内注射过小鹅瘟抗体血清，损失会更大。

鹅同肉鸡相比，对日粮中添加的药品反应更为敏感，肉鸡饲料中的促生长、抗沙门杆菌等添加药物，对肉鸡或许是一种保护，但对雏鹅则是不利因素。所以，建议养鹅场（户），尤其是规模饲养鹅场，育雏时要使用专门的雏鹅饲料。若遇采购困难，宁可自己配制，也不使用肉鸡料。

朗德鹅体型较大，雏鹅应按 50 只 / 群组群，并随着日龄的增长适时分群。200 ~ 300 只 / 群的放牧群，适用于国内品种，此种国外引入的大型品种，以 50 ~ 100 只 / 群规模为宜。

预防黄曲霉毒素中毒是所有鹅场都必须重视的技术问题，也是管理问题。因为预防饲料霉变牵涉的环节和人员太多。如饲料原料的采购、仓储、加工及成品料的保存，饲养中成品料在鹅舍内堆放时间长短，育雏室温湿度的变化，饲养员是否每天清理料槽等，均可能导致鹅采食被黄曲霉污染的饲料。所以，应将预防黄曲霉毒素中毒，当作仅次于防控小鹅瘟的关键技术予以关注。

附件 6-4　鹅副黏病毒病的预防控制

鹅副黏病毒（Paramyxoviruses）是对养鹅业危害仅次于小鹅瘟的烈性传染病，是由 Ⅰ 型副黏病毒引起的急性、高度接触性鸭、鹅疫病。

一、病原特性

鹅副黏病毒与黏液蛋白有特殊亲和性、较正黏病毒稍大的多形性病毒，直径 120 ~ 150nm，有包膜，包膜表面有由糖蛋白构成的脊状突起。病毒粒内的核酸是一条连续的单链 RNA，容易变异。病毒能凝集鸡、火鸡、七彩山鸡、鹅、鸭、番鸭、鸽、珍禽、野鸟等禽类的红细胞，也能对所有两栖类、爬行类动物的红细胞产生凝集。

副黏病毒在禽舍内可存活 7 周，粪内 50℃可存活 5.5 个月。在病死的水禽体内 15℃可存活 98 天，骨髓内的病毒可存活 134 天。病毒对热不稳定。在无蛋白质的溶液中，4℃或室温放置 2 ~ 4 小时，其感染力可降低至 10% 或几乎无感染力。在酸性或碱性溶液中易被破坏，而在中性溶液中较稳定。对乙醚敏感，对热抵抗力不强，一般的消毒药都能将其杀死。

该病毒毒力随宿主发生改变，在易感水禽中流行时，可使毒力增强。在有一定免疫力的水禽中流行时，有可能形成毒力减弱的毒株。病毒可在9～11日龄鸡胚和10～12日龄鸭胚中增殖，具有制作弱毒疫苗的基础。减毒的弱毒疫苗可预防本病的发生。

二、流行性特征

自1997年首次报道华南地区（广东、江苏）流行后，各地陆续报告了本病的发生。

鹅副黏病毒病是一种以消化道病变为特征的鹅急性传染病。病鹅、鸭和其他禽类，以及带毒未发病的鹅、鸭，是本病的传染源。

病原可经污染的空气、饲料、器械，以及病死鹅和粪便等排泄物传播。潜伏期短（雏鹅2～3天，青年鹅和成年鹅3～6天），常通过消化道、呼吸道水平传播。可感染各龄鹅，10日龄以内的雏鹅群，一旦感染，发病率达100%；20日龄左右鹅为高危对象，病死率可达90%以上，低于10日龄的染疫雏鹅群。不同日龄（3～300日龄）均可感染发病，日龄越低，发病率和病死率越高。疫区内的鸡也可感染发病死亡。

发病无季节性，一年四季均可发生，常呈地方性流行。

三、剖检病变和临床症状

病原和流行性特征决定其病理变化以消化道或相邻器官的病变为主。

（一）剖检病变

病死鹅消化道黏膜有芝麻粒大小的灰白色或淡黄色结痂，或豌豆至黄豆大小纤维素性坏死，剥离后可见紫黑色斑点或溃疡。

病死鹅喉头和气管有环状出血，肺脏可见出血或淤血。

病死鹅的真胃乳头出血，真胃和肌胃交界处有出血点或出血斑。

病死鹅的小肠和泄殖腔黏膜出血、坏死，有的结肠可见绿豆大小溃疡斑。病死鹅胰脏表面出血，散在灰白色坏死斑点；肝脏肿大明显，呈土黄色点，或见出血、坏死斑点；脾脏肿大，心肌苍白，偶见出血斑点；有报道变异性副黏病毒可致脾脏淤血坏死，呈红白相间大理石样。

（二）临床症状

临床上，病鹅表现为精神萎靡、闭目缩脖、羽毛蓬松、食欲减退或拒绝采食，频频饮水，扎堆。

多数病鹅表现为口鼻流黏液，呼吸困难，频频甩头；部分病鹅表现出水样腹泻，随病程进展，依次拉水样黄白色、灰白色、黄色、绿色稀薄稀便。

染病的青年鹅或成年鹅表现为急剧消瘦，或见产蛋量急剧下降。病程后期，部分患鹅表现为扭颈、转圈、仰头，两腿麻痹不能站立等神经症状，随后抽搐而死。病程长的因消瘦、衰竭而死，幸存病鹅生长迟缓，发育不良。

四、示症性病变和鉴别诊断

同蛋鸡、肉鸡相比，鹅病种类简单，病毒病更少。只要细心，多数通过临床症状和剖检，即可确诊。

（一）病死鹅的示症性病变

本病的示症性病变有三项，一是真胃和肌胃交界处出血斑点；二是肌胃内鹅黄颜色变黑；三是患病雏鹅拉暗红色稀便。

（二）鉴别诊断

本病对鹅、鸭均可感染，诊断鹅病时鉴别简单，诊断鸭病时相对复杂。

1.同小鹅瘟的鉴别诊断　虽然雏鹅都可以感染发病，并具有高发病率和病死率，以及病程短的特征，但剖检时区别明显：小鹅瘟在盲肠附近的小肠段可见到黏膜脱落形成的栓子，真胃和肌胃病变不明显。副黏病毒病则以真胃和肌胃交界处、肌胃出血且有显著病变，鹅黄颜色加重，容易剥离。

2.同禽流感的鉴别诊断　禽流感是以全身器官脏器出血为主要临床特征的烈性传染病，少见肝脾肿大病变。副黏病毒病的土黄色肝脏病变或脾脏肿大、大理石样病变，可将二者区别开来。

3.同巴氏杆菌病的鉴别诊断　巴氏杆菌病多发于青年或成年鹅、鸭群，幼鹅群较为少见。另外，巴氏杆菌病以肺脏的急性大出血为主要病变。副黏病毒病的病死鸭、鹅虽然也有肺脏和器官的出血，但出血程度差得远，并且巴氏杆菌病死病例无真胃和肌胃的病变。

4.同球虫病的鉴别诊断　球虫病发病日龄在20日龄左右，副黏病毒病可见于10日龄以下雏鹅；球虫病雏鹅粪便成形，副黏病毒病的雏鹅多为暗红色稀便。

5.现场确诊　有条件时，临床兽医可用鸡血凝集试验现场诊断。以病鹅血清滴于未凝集的鸡全血中，发生鸡红细胞凝集时判为"＋"性，否则为"－"性。

五、预防控制

传染源和传播途径说明，预防本病的基本功在于育雏室的基本条件和日常饲养管理。优质的日粮保证雏鹅合理均衡的营养，良好的温度、湿度控制和卫生状况，不受刺激的生存环境，仔细观察并尽可能减少应激事件的发生，是预防本病发生的基础。

接种疫苗是预防本病最简便有效的手段，也是关键措施。种鹅群在开产前2周接种副黏病毒病弱毒苗（1mL/只），12～14周后再次接种（1mL/只），可保证雏鹅体内有足够的抗体。雏鹅应在10日龄左右和60日龄各接种一次（0.3～0.5mL/只）。留种的后备鹅应在开产前接种，并保证每年接种两次。

临床控制疫情应根据发病鹅群的实际情况采用划定疫点、报告疫情、隔离消毒、中西医结合的针对性治疗，以及病死鹅处理等综合措施。可供参考的治疗措施包括：

（1）对发病鹅肌内注射特异性卵黄抗体（1mL/只，可配合使用控制炎症针剂）或高免血清（2mL/只，最好配合抗应激药品），1周后加强注射，或肌内注射干扰素（用法用量参考本书第六章附件6-2干扰素在鹅病防控中的应用）。

（2）对本场受威胁鹅群和周围受威胁场鹅群的紧急接种，并建立免疫隔离带，控制人员和物品流动。同时做好环境清洁卫生工作，禽舍和场地用双季铵盐、络合碘、过氧乙酸液（任意选择2种，交替使用）喷洒消毒，每天1次，连续7天。紧急接种时，推荐使用鹅副黏病毒病水剂型灭活疫苗（比油乳剂灭活疫苗产生免疫力快）。

（3）中医药治疗可选用具有清瘟败毒、凉血止痢、醒神开窍的中药饮水。大群用药时，早、晚各煎、饮中药1次，预防和治疗一般病例，按500只/剂量自由饮用，或拌料饲喂。个别重症鹅，每只灌服4～5mL/次，每天2～3次，连用3～5天。

处方一：为经典的清瘟败毒散（参考本书第六章附件6-1小鹅瘟的临床症状及预防控制）。

处方二：金银花 60g、板蓝根 60g、地丁 60g、穿心莲 45g、党参 30g、黄芪 30g、淫羊藿 30g、乌梅 45g、诃子 45g、升麻 30g、栀子 45g、鱼腥草 45g、葶苈子 30g、雄黄 15g（1 500mL 水煎，掺入饮水中供 500 只雏鹅饮用，每日 2 次，连用 3 天）。

六、注意事项

（1）产蛋期接种鹅副黏病毒病疫苗，应激反应会使产蛋高峰期的种鹅产蛋量下降 10% ～ 15%，10 ～ 15 天后恢复正常。因此，种鹅最好在开产前 6 周和 3 周接种两次鹅副黏病毒弱毒苗。

（2）种鹅产蛋期发生鹅副黏病毒病，大多数继发大肠杆菌病。因此，必须加强大肠杆菌病的预防和治疗，最好在种鹅产蛋前 30 天左右接种大肠杆菌灭活苗，或霍乱、大肠杆菌二联苗（敏感品种和个体，接种酒精灭活苗后会出现昏睡现象）。

（3）本病对饲养在同一个水系中的种鹅群传播迅速，除接触传染外，水源的污染也是一个重要的传染源。除了诊断时予以参考外，必须加强养鹅场的消毒工作。除对鹅舍、放牧场地进行消毒外，有条件时也应开展活动水塘的水体消毒。相邻鹅群发病时，外出放牧应避开接触，包括在草场内的接触和水面接触。

（4）种鹅群发病后要加强饲料管理，饲料中适当增加蛋白质饲料比重，补足多维素和微量元素，加强护理，可减少死亡。

参考文献

［1］张建新，王来荣，司献军，等.鹅的行为特征及其对饲养管理的启示［J］.家畜生态，2002，23（3）：75.

［2］张建新，甘祥坤，余天顺，等.小鹅瘟的临床症状及其防治［J］.河南畜牧兽医，2003，24（9）：33.

［3］陈鹏举，贺桂芬，司红斌.鸭鹅病诊治原色图谱［M］.郑州：河南科学技术出版社，2012.

［4］王培基，焦多成，高景辉，等.关新杂交驴部分体尺和产肉性能测定［J］.家畜生态学报，2007，28（2）：36.

［5］崔泰保，鄢珣.甘南河曲马肉用性能的研究［J］.甘肃农业大学学报，1993，28（4）：323-327.

［6］王雨，武建，杨慧鹏，等.构树叶饲喂小白鼠引起的性别差异［J］.饲料工业，2012，33（15）：13-16.

［7］林萌萌，郑爱华，刘玉，等.青贮杂交构树替代蛋白饲料对肉羊粪污排放和表观消化率的影响［J］.中国草食动物科学，2018，38（6）：33-35.

［8］许美解，罗清平.串叶松香草饲喂特种野猪的试验效果［J］.饲料与营养，2008（2）：28-29.

［9］伏兵哲，米福贵，高雪芹，等.串叶松香草的研究现状及进展［J］.农业科学研究，2011，32（2）：60-63.

［10］杨玉琴，徐海英，庄园.串叶松香草的营养成分及饲用价值［J］.养殖与饲料，2003（3）：12.

［11］阎希柱，吴海龙.串叶松香草作为鱼用饲料成分的研究［J］.水产学杂志，1995，6（1）：45-48.

［12］黄玉德，张九涛，李银亭.串叶松香草饲喂蛋鸡的效果［J］.

当代畜牧, 1999（2）: 33.

［13］吴建, 任萍, 陈孝宝, 等. 高产优质饲料串叶松香草在我省畜禽利用上研究［J］. 贵州畜牧兽医, 1992, 16（4）: 15-17.

［14］林祁, 林云, 赵阳. 中国野菜野果的识别与利用野果卷［M］. 郑州: 河南科学技术出版社, 2017.

［15］王景成, 林文耀, 刘玉梅, 等. 猪蓝耳病在我国的流行现状及防控新进展［J］. 疾病防控, 2019（9）: 13-15.

［16］刘建波, 张辉, 刘长明. 猪圆环病毒病的流行趋势与防控对策［J］. 动物医学进展, 2014, 35（1）: 111-115.

［17］许万祥, 周岩, 胡宗泽. 不同加工储藏方法对浮萍营养成分的影响［J］. 当代畜牧, 1998（3）: 35-36.

［18］李新波, 蔡发国, 邓岳松. 浮萍饲用价值研究进展［J］. 科学试验与研究, 2011（10）: 3-6.

［19］陈轶, 李碧, 金鑫. 水葫芦的研究现状及其发展趋势［J］. 广州化工, 2013, 41（5）: 71-76.

［20］唐金艳, 曹培培, 徐驰, 等. 水生植物腐烂分解对水质的影响［J］. 应用生态学报, 2003, 24（1）: 83-89.

［21］任明迅, 张全国, 张大勇. 入侵植物凤眼蓝繁育系统在中国境内的地理变异［J］. 植物生态学报, 2004, 28（6）: 753-760.

附图一　常见鹅食禾本科牧草

白草

白草

白草

白茅

白芷

白芷花开

初夏街头的马唐　　　　　狗尾草和榆树幼苗共生

狗尾草特写　　　　　　　黑麦草

画眉草共生能力特强　　　画眉草和坡地的绿藜

街角马唐

荩草

开花结籽的狗牙根

看麦娘

马唐（夏雨后生机勃勃）

马唐结籽

芒草 牛筋草幼苗

牛筋草 披碱草

披碱草好像黑麦草

鸦葱

狗牙根非常耐践踏

野燕麦

附图二　豆科鹅食牧草

大叶胡枝子

大巢菜和艾蒿

圆叶胡枝子

红三叶

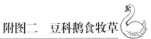

狭叶胡枝子　　　　　　　　　　　野扁豆

山丝瓜（赤匏）　　　　　　　　　地槐（又名苦参）

野扁豆

野扁豆

野扁豆和银翘（黄花）

野扁豆（紫花）和银翘共生

附图三 菊科鹅食牧草

白蒿（又名茵陈）

白蒿幼苗

播娘蒿

播娘蒿结籽

播娘蒿种子成熟

中华苦荬菜

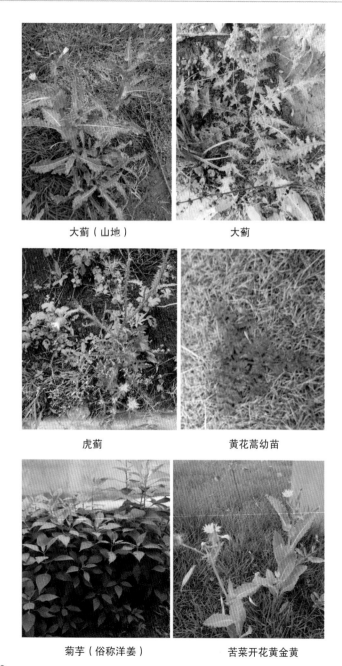

大蓟（山地）　　　　　　　　大蓟

虎蓟　　　　　　　　黄花蒿幼苗

菊芋（俗称洋姜）　　　　苦菜开花黄金黄

苦苣菜

苦苣菜播撒种子

苦荬菜、蓝花蒿和小白酒草苗

苦荬菜

苦荬菜

苦荬菜苗

苦荬菜苗

苦荬菜早春幼苗

茂盛的小飞蓬

泥胡菜和狗牙根

牛膝菊

蒲公英、鬼针草和
小白酒草群落

蒲公英

曲荬菜（俗称无心菜）

山苦荬

苦菜开花　　　　　　　　　　　香蒿

小蓟和野芹菜　　　　　　　　　小蓟开花

附图四　藜科和苋科鹅食牧草

虫实

虫实

地肤（俗称扫帚苗）

黄河虫实

灰绿藜小苗

绿粒苋和空心菜　　　　　　绿藜、酸模和小飞蓬

小藜同小白酒草和谐共生　　籽粒苋、薄荷和荆芥

紫苏

附图五　常见鹅食水生植物

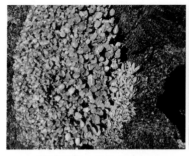

成簇的绿萍（俗称水菠菜）

褐藻

荏蓼

荆三棱和荷叶

空心莲子草（陆地生
长型，又名水花生）

辣蓼

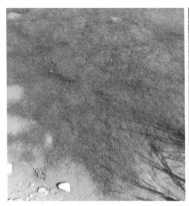

轮叶黑藻（水下）

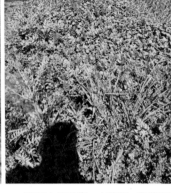

洛河中的绿萍、水芹菜、芦苇群落

蒲苇

水菠菜的水下部分

水菖蒲（水中）

水浮萍（又称水菠菜）

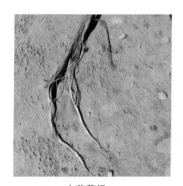

水芹菜根

水芹菜特写

水莎荷叶

睡莲（河面）

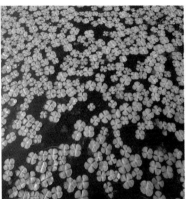
碎萍

野芹菜

附图六 巴天酸模

艾、艾蒿和巴天
酸模共生群落

巴天酸模（缺水地段）

巴天酸模（潮湿地段）

巴天酸模

巴天酸模

巴天酸模结籽

附图七　人工栽培青绿饲料

春播苜蓿

构树叶

黑麦草抽穗

红三叶草

苜蓿

苜蓿大田及杂草（小白酒草）

三叶草

桑（人工种植的饲料桑）

桑叶

桑叶和桑葚

沙打旺、鬼针草、莳萝蒿

田七芽

附图八　木本青绿饲料

刺槐花　　　　　　　　　　　　　刺槐花

杜仲枝条　　　　　　　　　　　　鸡血藤

可活三四百年的榉榆　　　　　　　连翘挂果

木芙蓉

忍冬

山茱肉

山茱肉结果

酸枣刺

五加皮

五味子叶（俗称格兰叶）　　　　　榆树叶子特写

紫藤

附图九　其他鹅食牧草

薄荷　　　　　　　　　　　　萹蓄

萹蓄结籽　　　　　　　　　　朝天委陵菜

车前草结籽　　　　　　　　　车前草幼苗

赤胫散(又名散血草) 川续断

垂盆草 打碗花

大车前 打碗花幼苗

丹参　　　　　　　　　　单花莸

油菜　　　　　　　　　　地锦和马唐

滇苦苣　　　　　　　　　独行菜、苦苦菜、荠菜
　　　　　　　　　　　　和葎草幼苗群落

鹅绒藤　　　　　　　凤仙花（俗称指甲草）

附地菜结籽　　　　　　　附地菜

枸杞幼苗　　　　鬼针草、石竹、狗尾草、
　　　　　　　　绿藜苗共生群落

过路黄

何首乌

胡荽、荠荠菜和巴天酸模

黄芩

黄芩

空心菜

假野人参

阶梯草

荆芥

苦蕺

阔叶地丁

辣蓼幼苗

蓝羊茅

荔枝草（蛤蟆皮棵）

琉璃草和白酒草

漏芦（俗称鸡屎根）

绿植中的二丑

葎草（中国）

葎草和砂引草（俗称羊
蹄甲、羊蛋子）幼苗

葎草荒废地蔓延

葎草结果

葎草与竹子共生

马齿苋

麦家公（俗称麦筛子）

麦家公、蓝花蒿、雀麦　　　　　　牻牛儿

毛莓　　　　　　　　　　　美女樱

南芥　　　　　　　　　　　牛膝

蓬蘽

荠菜

荠菜（花期）

牵牛花

茜草

青葙和马唐群落

人参叶片

三脉紫菀

莎草、生地、马唐群落

山薄荷

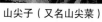

山尖子（又名山尖菜）

商陆

少花米口袋（红根的入中药）

蛇莓和白酒草

蛇葡萄

生地（俗称蜜蜜罐）

生地花

生地幼苗

石楠丛边的荠菜、打碗花幼苗

唐松草

粟米草

溲疏

天胡荽

天门冬群落无杂草说明共生性极差

天南星　　　　　　　　　　田旋花

委陵菜　　　　　　　　　　香茶菜

香薷　　　　　　　　　　小葱和雪里蕻

小飞蓬、麦家公、荠菜和苦菜共生

血参

鸭跖草开花

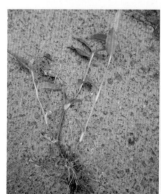

鸭跖草须根显示

鸭跖草植株

一把抓天南星

益母草（翻起草叶是白色）

益母草（俗称翻白草）

廖淑树

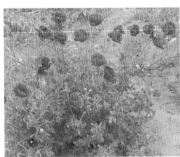

虞美人和结籽油菜

蚤缀（俗称鹅不食）

酢浆草（早春）

酢浆草

诸葛菜

附图十 对鹅有毒有害植物

博落回 苍耳

垂穗商陆 蓖藜（挂果）

夹竹桃

曼陀罗（又称洋金花）

曼陀罗花蕾

曼陀罗结果

曼陀罗霜后

泽漆（对除兔子以外的动物
均有毒）和小蓟共生

213

悬钩子（勾刺）

旋覆花（幼苗有毒，籽实无毒）

旋覆花和泽漆共生

荨麻（独立植株）

泽漆、马唐和勿忘草共生体系

泽漆、小蓟、蚤缀、看麦娘群落

紫穗槐

作者简介

张建新，男，汉族，农业推广研究员，河南省新安县人。从事畜牧兽医工作 37 年，在猪、禽、兔、牛的饲养管理和疫病防控方面发表论文 130 多篇，出版专著 5 部：《群养猪疫病诊断及控制》（重印 7 次）、《常见猪病鉴别诊断与控制》（发行了手机版）、《猪场兽医师》、《后蓝耳病时代轻松养猪》、《后蓝耳病时代快乐养猪》。获国家发明专利 2 项。全国农牧渔业丰收奖一等奖 1 项、河南省科技进步二等奖 1 项、三等奖 3 项、地市厅级科技成果奖 14 项。中国光学会会员、中国家畜生态研究会会员、中国微量元素与人体健康学会开封分会理事会理事、开封市第三届畜牧兽医学会副秘书长，曾任《中国动物保健》专家编委、河南省兽医院和河南省动物疫苗中心特聘专家，是河南人民广播电台《绿色之声》《绿色生乡》《农博士》和开封市人民广播电台《新农村》节目特邀专家。

电话：13592508532

E-mall:linjiang-110@sohu.com